知っていますか？
日本数学者
ゆかりの地

日本数学の源流を訪ねて

西條敏美 著

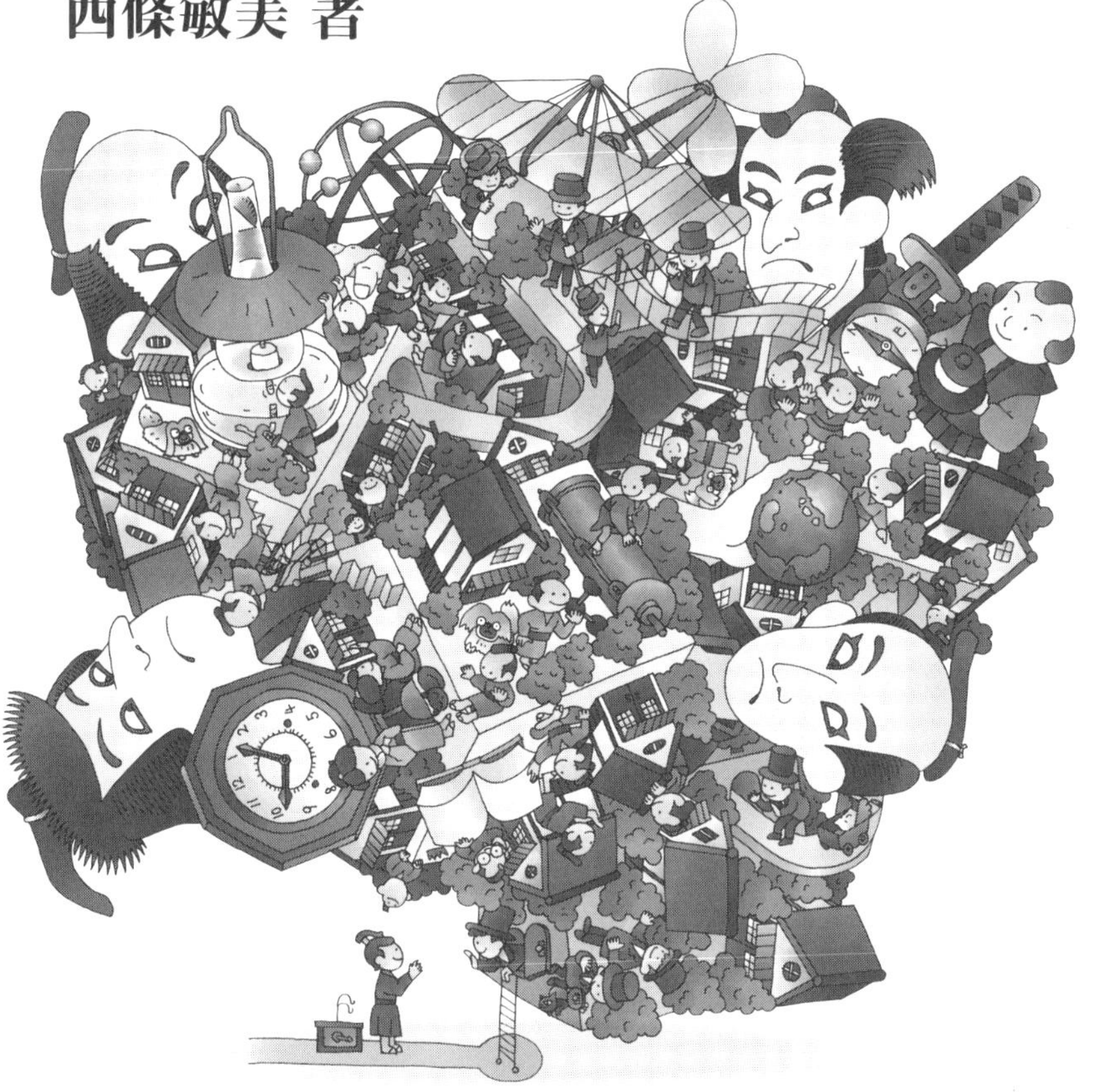

恒星社厚生閣

まえがき

江戸時代には、わが国独自の数学が花開いていた。関孝和の『発微算法《はつびさんぽう》』に象徴される高度な数学から、吉田光由の『塵劫記《じんこうき》』に象徴される身近な数学まで、数学が広く根をおろし、庶民の間にも数学を楽しむ風土があった。掛け算、割り算の九九を暗誦し、そろばんを使って手早く計算した。問題が解けると、算額にして近くの神社仏閣に奉納もした。

幕末・明治の時代を迎え、計算方法も理念も違う西洋の数学が入ってきた。その数学を洋算、伝統的なわが国の数学を和算といって区別されたが、和算の衰退とともに、数学といえば洋算を表すようになった。洋算の時代になっても、高木貞治、岡潔のように独自の境地を開拓する学者が多数輩出するようになったが、抽象化が進み、一般庶民から切り離されてしまった感がある。

学校教育の場においても、数学は好き嫌いのはっきりした科目になってしまった。好きだという場合でも、多くの場合計算技術にだけ長けていることが多いし、嫌いだという場合には、頭から毛嫌いしていることが多い。数学を、和算から洋算まで広く楽しみたい、そんな気持ちが著者にはある。たとえば、数の概念がどのように拡張されていったかを古今東西比較して考えてみたり、身の回りの生活や自然のなかに、どのような数学が潜んでいるか探し出して考えてみたり、図形の問題を和算と洋算で解いてみたりと、楽しみ方はいくらでもあろう。

しかし本書では、数学の中身には立ち入らない。和算から洋算にいたる人物に焦点を当てて、しかも、その人物の生家跡、記念館、石碑、銅像、墓などのゆかりの地を、現地写真とともに取り上げる。いわば日本の数学の源流を訪ねる旅の試みである。こんな楽しみ方も、数学を文化として裾野を広げるという意味で、あってよいのではないだろうか。そして、このことも大事な側面を持つと考えてよいのではないだろうか。

北海道から九州まで、江戸初期から現代まで、三三人の日本の数学者の足跡をたどる旅への出立である。

二〇一六年 五月

著　者

ゆかりの地の所在図

北海道・東北地方

① 桂田芳枝　北海道札幌市中央区南6条
② 狩野亨吉　秋田県大館市谷地町
③ 小倉金之助　山形県酒田市中央西町・南新町
④ 安島直円　山形県新庄市上西山
⑤ 最上徳内　山形県村山市中央
⑥ 会田安明　山形県山形市小荷駄町・十日町
⑦ 千葉胤秀　岩手県一関市花泉町
⑧ 五十嵐豊吉　宮城県仙台市青葉区小松島
⑨ 林鶴一　宮城県仙台市青葉区荒巻
⑩ 佐久間庸軒　福島県田村市船引町

関東地方

⑪ 関孝和　群馬県藤岡市藤岡
⑫ 谷山豊　埼玉県加須市騎西
⑬ 剣持章行　千葉県旭市鏑木
⑭ 関孝和　東京都新宿区弁天町
⑮ 安島直円　東京都港区三田
⑯ 藤田貞資　東京都新宿区須賀町
⑰ 会田安明　東京都台東区浅草・港区芝公園
⑱ 最上徳内　東京都文京区向ケ丘
⑲ 日下誠　東京都台東区谷中
⑳ 福田理軒　東京都北区王子本町
㉑ 杉亨二　東京都豊島区駒込
㉒ 柳楢悦　東京都港区南青山
㉓ 菊池大麓　東京都台東区谷中
㉔ 狩野亨吉　東京都府中市多磨町
㉕ 高木貞治　東京都府中市多磨町

近畿地方

㉙ 高木貞治　岐阜県本巣市三橋
㉚ 吉田光由　京都市右京区嵯峨
㉛ 毛利重能　兵庫県西宮市熊野町
㉜ 岡　潔　奈良県奈良市白毫寺町
㉜ 岡　潔　和歌山県橋本市柱本・御幸辻

中国・四国・九州地方

㉝ 三上義夫　広島県安芸高田市甲田町
／同広島市中区中町
㉞ 阿部有清　徳島県徳島市寺町
㉟ 武田丑太郎　徳島県徳島市城南町・佐古
㊱ 林鶴一　徳島県徳島市万代町
㊲ 小出長十郎　徳島県徳島市寺町
㊳ 細川藤右衛門　高知県南国市緑ケ丘・十市
㊴ 杉亨二　長崎県長崎市立山
㊵ 中村六三郎　長崎県長崎市立山

中部地方

㉖ 山口和　新潟県阿賀野市外城町
㉗ 石黒信由　富山県射水市
㉘ 中村六三郎　静岡県沼津市三芳町

知っていますか？　日本数学者ゆかりの地　目次

日本数学者ゆかりの地　正誤表

頁		誤	正
10	③浄輪寺	弁天町 96-1	弁天町 **95**
21	図① -2	「租真院智算量安居士」	「**祖**真院智算量**空**居士」
34	②蓮光寺	向ヶ丘 2-28-3	向ヶ丘 2-**3**8-3
208	12 行目	弁天町 96-1	弁天町 **95**
208	27 行目	連光寺／向丘 2-28-3	**蓮**光寺／向ヶ丘 2-**3**8-3
209	下 4 行目	芳江　琢兒	**吉**江　琢兒

日本数学者　紀行エッセー（付　追悼エッセー）

日本数学者ゆかりの地

毛利《もうり》　重能《しげよし》

生没年月日不詳、江戸初期の人

兵庫県西宮市熊野町

わが国最古の算学者『割算書』の著書

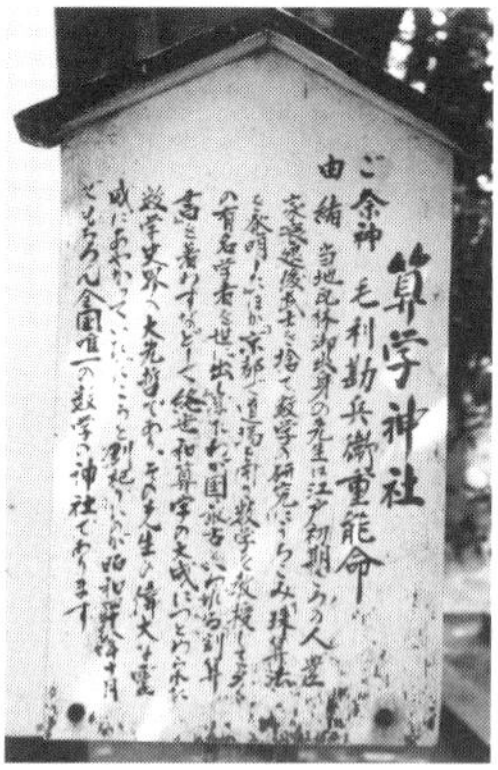

算学神社の案内板

■ゆかりの地

①熊野神社（算学神社、顕彰碑）＝兵庫県西宮市熊野町 3-26

■交通

① JR 山陽本線の「甲子園口」駅下車、徒歩 10 分。または、阪急電車神戸線の「西宮北口」駅下車、徒歩 20 分。

■メモ

①受験シーズンになると、受験生が合格祈願に来て、お守り札を買い求めていくという。神になった数学の始祖である。境内の奥にある。

毛利重能は、江戸時代初期の人で、生没年は不祥である。その生涯もほとんどわかっていないが、日本の数学史で最初にその名が登場する人物である。名を勘兵衛といった。出身は、摂津国武庫《むこ》郡《ぐん》瓦林《かわらばやし》（現・兵庫県西宮市の甲子園付近）とされているが、墓所の所在も不明である。生家が衰退した後、武士を捨て、江戸に出たが、一六二二年には京都に移り住んだという。

重能はそろばんが得意であったので、和算の研究に打ち込み、珠算法を案出した。京都では「天下一割算指南」の看板を出してそろばんの道場を開き、評判になったという。そろばんを必要とする多くの人々が入門した。『塵劫記《じんこうき》』の著者吉田光由も彼の門弟の一人である。

元和八年（一六二二）、わが国最古の算学書といわれる『割算書《わりざんしょ》』を刊行している。現存するいくつかのこの本の表紙に貼られた題簽は、すべて剥がれ落ちていて、確かな書名はわからないので、目次のところにある「割算目録之次第」から『割算書』といわれるようになった。

『割算書』の内容はというと、その当時の日常使う数学の問題を広く集め、それをそろばんによって解く計算法を加えたものである。そのため、さらに高度な数学を学ぶには、よりレベルの高い師について、『算法統宗《さんぽうとうそう》』など中国の数学書から学ばねばならなかった。

そろばんが中国から日本に入ってきたのは、安土・桃山時代（一六世紀末）とされている。江戸時代には広く浸透して、明治・大正・昭和と、電卓が普及するまで欠くことのできない手軽な計算器具であった。そのときに必要なのは「九九」であった。「九九」には「掛算の九九」の他「割算の九九」もあった。この九九も昭和一〇年代（一九三五）まで普通に使われていたが、今では高齢の人しか知らなくなった。

①-1　熊野神社境内にある算学神社

毛利重能を祀るミニ神社。鳥居の下に「算学神社」と刻んだ石柱と案内板が立っている。案内板の文面は下記。

算学神社

ご祭神　毛利勘兵衛重能命

由緒　当地瓦林御出身の先生は江戸初期ごろの人。豊家衰退後武士を捨て、数学の研究にうちこみ、珠算法を発明したほか、京都で道場を開き数学を教授して多くの有名学者を世に出し、またわが国最古といわれる割算書を著わすなどして終生和算の大成につとめられた。数学史界の大先哲であり、その先生の偉大な霊威にあやかっていただこうと創祀りたのが昭和四十八年十月で、もちろん全国唯一の数学の神社であります。

① -2　毛利重能の顕彰碑

表面に「割算天下一　重能」と大きく刻まれている。右側には案内の石碑が建てられている。石碑の文面は次頁。

郷土西宮の生んだ和算の開祖　毛利勘兵衛重能先生

元瓦林の住人であった毛利先生は、日本で初めて算学・珠算塾を開き、その門流からは、関孝和を始め著名な数学者を輩出しました。

先生が日本最古の数学書『割算書』を著した元和八（一六二二）年より三百五十年を記念しその遺徳を偲んで、瓦町の算士である熊野神社に昭和四十七（一九七二）年顕彰碑が建立されました。

碑の横には、先生の数学学問の大先達として祀る算学神社も創祀され、数学・珠算関係者はもとより、学者や学生・受験生らの篤い崇敬を集めています。

毛利勘兵衛重能は瓦林の住人である。のちに京都に移り、吉田光由、今井知商、高原吉種など多くの弟子を養成した。当時の数学を集大成し、元和八年割算書を著して、そろばんの徐法、金銀売買、両替、無尽、利率、面積、体積、比例などの日本の算法を広め、わが国数学の道を開いた。今年は割算書刊行三百五十年に当る。全国有志の協力を得、これを記念し巻末の文字を右に刻み毛利重能顕彰の碑とする。

昭和四十七年十月十日

理学博士　平山諦撰文

吉田《よしだ》　光由《みつよし》

一五九八～一六七二（慶長三～寛文一二）

京都市右京区嵯峨

数学の普及に貢献した『塵劫記《じんこうき》』の著者

常寂光寺の山門

■ゆかりの地

①常寂光寺《じょうじゃっこうじ》（記念碑）＝京都市右京区嵯峨小倉山小倉町3
「塵劫記」の碑がある。

■交通

① JR「京都」駅下車、京都バスに乗車し、「嵐山」下車、徒歩15分。

■メモ

①嵐山は京都の観光名所のひとつで、渡月橋から小倉山へと歩くと、そこに角倉了以《すみのくらりょうい》の銅像が立っている。常寂光寺で「塵劫記」の碑を見た後は、半日かけて嵯峨野巡りをするのもよいだろう。碑は山門の右手の一画にあるので、拝観料を払って本堂まで上がる必要はない。

吉田光由は一五九八年、京都嵯峨の名門角倉の一族として生まれた。外祖父にあたるのが、大貿易家でまた土木事業家でもあった角倉了以《すみのくらりょうい》である。了以のほんとうの氏は吉田であったが、京都の四カ所に倉を持ち、家屋敷のあった嵯峨の倉は京都の西の角にあるという意味で、「角の倉」といっているうちに角倉が氏になってしまった。

光由は経済的に何不自由なく育った。もともとは医師の家系であり、了以もまた数学を好む文化人であったから、影響を受けたであろう。幼い頃から、とくに数学に興味を持ち、初めに『割算書』の著者として知られる毛利重能《しげよし》に入門した。その後中国の算法書『算法統宗』を手に入れて、師の重能にその解読を頼んだが、重能も十分理解できなかったため、光由は外伯父の角倉素庵《すみのくらそあん》についてこの書を学び、納得がいったという話が伝えられている。

光由は、この書を手本にして、『塵劫記』を書いた。本書は日本で最初に集大成された算法書で、何度も改版され、江戸時代のベストセラー本となった。室町時代の頃には、二桁の掛算すらできない人が多かった。『塵劫記』が普及した江戸時代の中頃になると、大部分の人が割算ができるようになり、なかには、平方根や立法根の計算ができる庶民も現れた。庶民までが数学の問題を解くことを楽しんだ。

『塵劫記』の評判が高くなってくると、諸藩の大名から招聘《しょうへい》を受けるようになったが、光由は断り続けた。のち肥後《ひご》藩（熊本県）の細川侯から客分として招かれた。細川侯が亡くなると京都にもどった。晩年は盲目となったという。一六七二年死去、享年七五歳。なお、『塵劫記』は岩波文庫他で容易に読むことができる。

①-1　常寂光寺の山門脇に建つ「塵劫記」の碑

案内の石碑の文面は下記。1977 年建立。

塵劫記の著者吉田光由幼名与
七のち七兵衛久菴と号した　京
都嵯峨の角倉家の一員である
寛文十二年十一月廿一日没　壽
七十五詳略数種の塵劫記を刊行
し草創期のわが国算学の発展に
貢献した　以後の珠算書及び算
学書はほとんどこれにならった
また兄光長とともに数学と土
木技術を駆使し菖蒲谷隧道を通
して嵯峨の地をうるおした
塵劫記刊行三百五十年を記念
し角倉家ゆかりの常寂光寺境内
にこの顕彰の碑を建てる
昭和五十二年十月十日

関《せき》 孝和《たかかず》

一六四二?～一七〇八（寛永一九?～宝永五）

群馬県藤岡市藤岡／東京都新宿区弁天町

「算聖」と呼ばれる江戸期最大の数学者

提供／一関市博物館

■ゆかりの地

①藤岡市民ホール前（胸像、記念碑）＝群馬県藤岡市藤岡 1567-4
②光徳寺（墓）＝群馬県藤岡市藤岡 2378
③浄輪寺（墓）＝東京都新宿区弁天町 96-1

■交通

① JR 八高線の「藤岡」駅下車、徒歩 20 分。
②光徳寺は市民ホールから、さらに徒歩 20 分。
③東京メトロ東西線の「早稲田」駅下車、徒歩 10 分など。

■メモ

②③光徳寺、浄輪寺の墓ともに案内板が立っているので、それにしたがって探すとよい。他に、金沢市にも墓が二基、名古屋市に記念碑がある。

関孝和は「算聖」として、その生涯の詳しいことはわかっていない。生年は、一六三七年と一六四二年の両説が、生地も藤岡市と江戸小石川の二説がある。内山永明の二子として生まれ、関家の養子となり、関姓を名乗った。名前は通称新助、自由亭と号した。はじめ甲府の大名徳川綱重《つなしげ》、綱豊《つなとよ》に仕え、勘定吟味役に就いた。その後、江戸に出て五代将軍綱吉に仕え、御納戸役組頭、さらには小普請役になったという。一七〇八年死去、江戸の浄輪寺に葬られたが、現在藤岡にも墓がある。一六四二年生まれとするなら、六七年の生涯だった。

孝和は御用学者として計算を必要とする役職をこなしながら、和算の研究を深め驚くほど大きな成果を上げた。関流和算の開祖といわれている。

幼い頃から、「天性聡明」で、六歳のときに数理の誤りを指摘したと伝えられる。高原吉種《よしたね》に師事したといわれるが、ほとんど独創で数学の奥義を究めた。たとえば、文字係数の代数式を筆算で表せるようにした筆算式代数学（点鼠術《てんざんじゅつ》）をはじめ、方程式の判別式やその近似解法を案出した。行列式まで展開している。また、円や正多角形などの平面図形の面積、あるいは球などの立体の体積を求める方法（円理法）を発見した。それは積分法に近いものであった。著書は二〇種余りあって、『規矩要明算法《きくようめいさんぽう》』『発《はつ》微算法《びさんぽう》』などの数学書の他、『授時暦経立成《じゅじれきけいりっせい》』などの天文・暦学書もある。

積分法に近いものを独自に見い出したとしても、西洋数学のような極限の概念を持たず、一般法則の確立を目指すというものではなく、個別的な計算術であった。それでも孝和の業績が損なわれるものではないだろう。

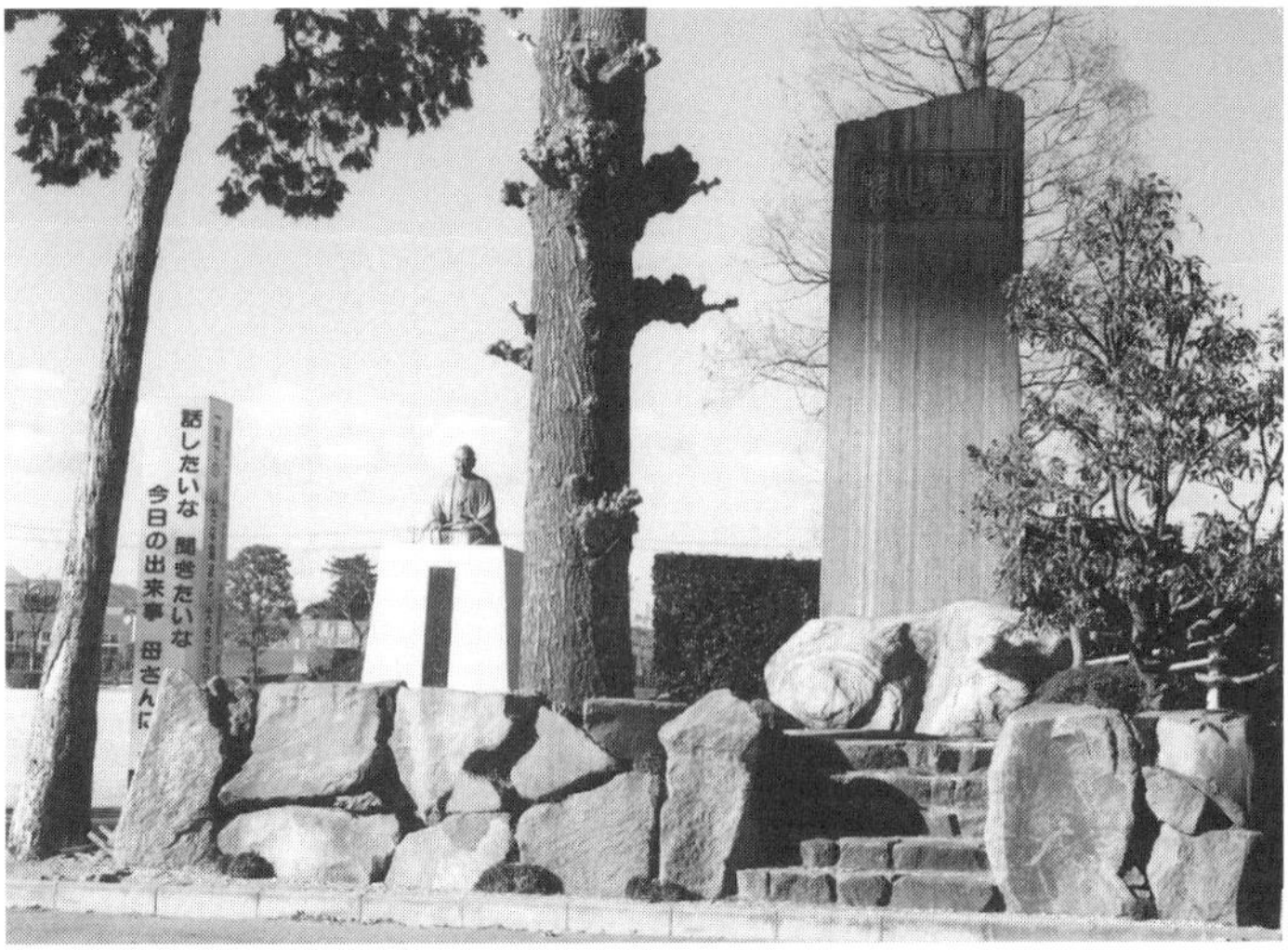

① -1　藤岡市民ホール前に立つ関孝和の記念碑場所の全景

右手に大きな算聖の碑、左手には座像が立つ。かたわらに、案内の石碑もある。

① -3　算聖の碑

昭和 4 年（1929）、芦田城趾内に立てられたが、昭和 63 年（1988）ここに移転した。

① -2　関孝和の座像

昭和 63 年（1988）建立

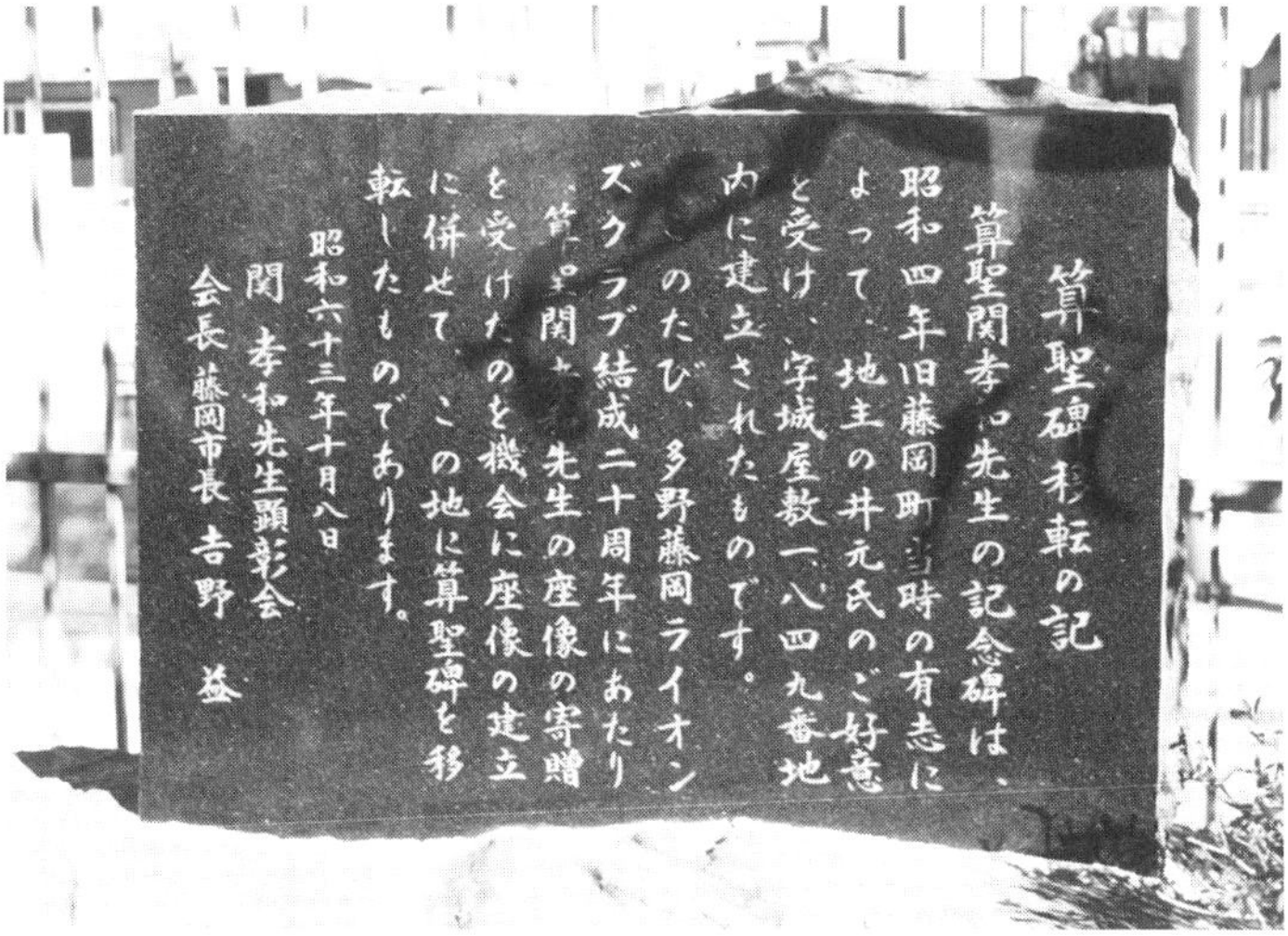

①-4　算聖碑移転の記の石碑

碑文は下記。

算聖碑移転の記

算聖関孝和先生の記念碑は、昭和四年旧藤岡町当時の有志によって、地主の井元氏のご好意を受け、字城屋敷一八四九番地内に建立されたものです。

このたび、多野藤岡ライオンズクラブ結成二十周年にあたり、算聖関孝和先生の座像の寄贈を受けたのを機会に座像の建立に併せて、この地に算聖碑を移転したものであります。

昭和六十三年十月八日

関孝和先生顕彰会

会長　藤岡市長　吉野　益

② -1　光徳寺の正面

「算聖関孝和先生墓所入口」と刻まれた大きな石柱が立っている。本道裏手の丘一体が墓所となっている。

② -2　光徳寺の墓所風景

中央の道を登り切った辺りに来ると、案内板がある。

② -3　光徳寺に眠る関孝和の墓と墓誌

墓石の正面に「算聖関孝和先生之墓」と刻まれている。かたわらに墓誌も立っている。墓誌の文面は左記。

関孝和先生墓誌

藤岡城主芦田氏には　芦田五十騎と称する優れた家臣があり、その中に内山、関の両家もあって、共に藤岡に在住した。

関孝和先生は内山永明の二男として生まれ、関五郎左衛門の養子となり関の姓を称した。名を新助、又孝和といい、自由亭と号した。

長じて甲府宰相徳川綱豊に仕え、勘定吟味役を勤め将軍綱吉に仕え御納戸役組頭となり、さらに小普請役となった。

先生は天性聡明にして六才にして数理の誤りを指摘したという。高原吉種に師事したといわれるが、ほとんど独創で天文暦法の研究をし、数学の奥義を究め、さらに前人未踏の高等数学を発見し、関流算法といわれる和算を確立した。著書には規矩要明算法、発微算法、括要算法をはじめとする多くの著書があるが、後に関流算法七部書にまとめられ出版されている。

先生は、その卓越した業績により、算聖と称えられているが、さらに同世代に出たイギリスのニュートン、ドイツのライプニッツと共に世界の三大数学者として尊敬されている。

寛永五年十月二十四日病没、新宿区弁天町浄輪寺に葬られ、法行院殿宗達日心大居士と記された石碑が建立されている。

藤岡では先生の偉業をたたえて、昭和三年十一月、先生ゆかりの城趾に算聖の碑を建立、昭和三十三年先生没後二百五十年を記念して、浄輪寺より先生の御霊を迎え有縁の光徳寺に墓所を設けた。その後二十五年の関孝和先生顕彰会は、市民及び有志のご協力により墓碑の建立を計画し完成をみるに至ったのである。ここに先生の略歴と業績の大要と建碑に至るまでの経過を記すものである。

讃仰　関孝和先生　　駒澤大学教授 石附賢道作

享生関左志雄渾　貢献文明数学門

算聖独創輝万國　名聲嘖々満乾坤

昭和五十八年秋彼岸　　関孝和先生顕彰会建立

③ -1　浄輪寺の正面

「都史跡　関孝和墓」と刻まれた大きな石柱が立っている。

③ -2　浄輪寺に眠る関孝和の墓

中央の舟型をした古い墓石がそれ。文字は消えかかっている。かたわらに案内板が立つ。案内板の文面は次頁。

都史跡　関孝和墓

所在　新宿区弁天町九六番地一号　浄輪寺

指定　昭和三十三年十月七日

関孝和は通称を新助といい、自由亭と号していた。

上野国藤岡に生まれ、幕府の納戸組頭となった。数学をよくし、高原吉種の門に学び、「得源整法」（筆算式代数学）を創案し、のちにこれを「点竄法」と名づけた。このほか、方程式論、行列式論などを創始し、幾何学を研究、「大成算経」などの著述が多く、世に算聖と称せられた。

宝永五年（一七〇八）十月二十四日、六六歳で歿した。

旧墓石は舟形、高さは一五八センチ、丸形左むき鳳紋に「法行院殿宗達日心大居士、宝永五戊子年十月二十四日」、左側に「俗名新助孝和」とある。

昭和四十四年十月一日　建設

東京都教育委員会

安島《あじま》　直円《なおのぶ》

一七三二〜一七九八（享保一七〜寛政一〇）

東京都港区三田／山形県新庄市上西山

円理の研究を一新した『不朽算法』の著者

常林寺の山門

■ゆかりの地

①常林寺（墓）＝東京都港区三田 4-5-14
②西山の丘（記念碑、墓）＝山形県新庄市上西山

■交通

① JR 山手線の「田町」駅下車、徒歩 15 分。または東京メトロ南北線の「白金高輪」駅下車、徒歩 10 分。
② JR「山形」駅下車、徒歩 40 分。またはタクシーで 15 分。

■メモ

①山門をくぐって境内に入ると、本堂の左側と後方に墓所がある。安島直円の墓はその左側の手前にある。
②樹木が立ち並ぶ小高い丘にあって、のどかな市街を遠望できる。徒歩で散策しながら、向かうのがよいだろう。

安島直円は一七三二年、出羽国新庄藩（現・山形県新庄市）の藩士の子として江戸の藩邸で生まれた。通称は万蔵、字は伯規《はくき》、南山《なんざん》と号した。直円は、一二歳で元服したときに命名された諱である。直円とは、直線と円を意味し、この年齢ですでに和算に才能を発揮していたので、和算家としての大成を願って、父が直円と命名したという。

父は藩の勘定方の仕事に就いていたこともあって、直円は、はじめ中西流の入江広忠に和算を学んだ。のち、関流の山路主住《やまじぬしずみ》の門に入った。その頃、山路は宝暦の改暦の仕事に追われており、直円の研究も天文・暦学から始まった。一七六九年、三八歳の頃、山路家で授時暦の講義を行ない、これをもとに著述を残した。授時暦の詳しい解説書『授時暦便蒙《じゅじれきべんもう》』や『安島先生便蒙之術』などがある。また日月食の予報法を記した『交食蒙求俗解《こうしょくもうきゅうぞくかい》』や『安子西洋暦考草《あんしせいようれきこうそう》』などもある。

一七七二年山路が亡くなった頃から、直円は、幼いうちから興味のあった和算そのものの研究を本格的に始めるようになった。関孝和に始まる円理の研究は直円の出現によって一新したといわれる。研究の成果として、生前四〇余編の論文を書いたが、すべて刊行されることなく、写本で伝えられた。門人の日下誠が主著『不朽算法《ふきゅうさんぽう》』全二巻の刊行を企てたが、実現しなかったという。

直円の研究は、直線と円の接触関係に始まり、それを深め、積分の思想にまで進んだ。また、二項級数の展開の一般化にも成功した。対数表の研究では、一二桁の対数を計算するところまで進んでいた。

一七九八年江戸の藩邸にて死去した。享年六七歳。東京都港区の常林寺に眠る。なお、分骨墓は新庄市西山の桂嶽寺にある。没後一五〇年も過ぎた一九六六年になって初めて『安島直円全集』が刊行された。

①-1　常林寺にある安島直円の案内石柱と案内板

石柱には「都旧跡　安島直円墓」と大きく刻まれている。案内板の文面は下記。境内に入るとすぐ右手に二つが並んで立っている。

安島直円

都旧跡　安島直円墓
所在　港区三田四丁目五番一四号　常林寺内
指定　昭和二十七年十一月三日

安島直円は江戸時代の数学者で万蔵と称し、南山と号した。はじめ中西流入江応忠に学び、ついで関考和の学統を継ぐ山路主住の門に入って関流の奥義を皆伝した。直円は環円無有奇術を創案し、よく関流中興の祖と称された。のち戸沢新庄藩に仕えたが、寛政十年（一七九八）四月七日、年六七歳で没した。墓碑は笠付方極形で没後ただちに建立されたものである。

なお、都内における和算家の墓碑としては、新宿区弁天町九六番地一号、浄輪寺内の関孝和墓（都史跡）その他がある。

昭和四十四年十月一日　建設
東京都教育委員会

①-2　常林寺に眠る安島直円の墓

表面に「祖真院智算量安居士」と刻まれている。1952年東京都の史跡に指定されている。

②-1　西山の丘の風景

この一画に安島直円の顕彰碑がある。案内板の文面は下記。

新庄の先人を偲ぶ「西山の丘」

ここ西山の丘には、新庄の先人を偲ぶ歴史的な文化遺産が点在しています。この奥には、新庄の生んだ軍人で内閣総理大臣となった小磯国昭《くにあき》の記念碑、また明治時代末に南洋貿易の先駆的役割を果たした堤林数衛《つつみはやしかずえ》の胸像、江戸時代中期の新庄藩士で関流和算中興の祖といわれる世界的和算の大家・安島直円の顕彰碑が並び、右手の桂獄寺境内には二代新庄藩主・戸沢正誠《まさのぶ》の御廟所（国指定史跡）が、日本海地区の特産種であるユキツバキ群落の中に静かに眠っています。

新庄市教育委員会

（平成十二年三月三十一日設置）

②-2　西山の丘にある安島直円顕彰碑

「安嶋直円顕彰碑」と刻まれた正面の石碑と顕彰文を刻んだ石碑が並んで置かれている。石碑の文面は下記。桂嶽寺に直円の墓碑がある。

享保十七年（一七三二）江戸に生まれ寛政十年（一七九八）江戸にて没す。通称万蔵　新庄藩士にして和算家関流山路主住に師事す。数学に卓越した才能を示し、山路の没後関流を継ぎ宗統四伝となる。その独創的な着想と斬新な解法は他の追随を許さず和算界の最高位を占め関流中興の祖と称せられる。没後二百年に当たり先師を敬仰する同志相図りて顕彰碑を建立し　その偉業を永く後世に伝えるものである。

平成十年五月二十日

安嶋直円顕彰会

藤田《ふじた》 貞資《さだすけ》

一七三四〜一八〇七（享保一九〜文化四）

東京都新宿区須賀町

関流和算の入門書『精要算法』の著者

■ゆかりの地

①西應寺（墓）＝東京都新宿区須賀町 11-4

■交通

① JR 中央本線の「四ツ谷」駅、または東京メトロ「四ツ谷」駅下車、徒歩 10 分。

■メモ

①墓は、境内に入ってすぐ左側の塀を背にしてある。本堂の裏手の広い墓所ではない。他に、深谷市菅沼には、生誕の地石碑、顕彰碑がある。

藤田貞資は一七三四年、武蔵国男衾《おぶすま》郡本田村（旧・埼玉県大里郡川本町本田、二〇〇六年より深谷市と合併）に、郷士だった本田縫殿右衛門《ぬいとのうえもん》の第三子として生まれた。通称は彦太夫《ひこだゆう》、のち権平《ごんべえ》と改名した。字は子證《ししょう》、雄山《ゆうざん》と号した。まれに四乳主人《しにゅうしゅじん》とも言った。貞資は、定資と書く以外に、定賢とも書かれた。一七五六年二三歳のとき、大和国新庄藩（現・奈良県葛城市新庄）永井家の藤田定之の養子となった。一七六二年二九歳のとき、幕府に召されて、江戸に出た。山路主住《やまじぬしずみ》について算学を学び、暦作成のための天文手伝として天体観測を行なった。貞資が家を出たので、藤田家では別人を養子に迎えることとなった。

五年後の一七六七年三四歳のとき、眼病を患ったので天文手伝を退き、永井家に復帰しようとしたが、藤田家では別の養子ができていたために、彼は永井家を出て、浪人となった。

翌一七六八年三五歳のとき、筑後国久留米藩（現・福岡県久留米市）の第七代藩主有馬頼徸《よりゆき》に召し抱えられた。一八〇七年病のため、家督を子息に譲り、隠居となって、退道《たいどう》と号した。同年死去、享年七四歳。東京都新宿区須賀町の西應寺に眠る。主著に、『精要算法《せいようさんぽう》』（一七八一）の他、『改正天元指南《かいせいてんげんしなん》』（一七九三）、『神壁算法《しんぺきさんぽう》』（一七八九）、『続神壁算法』（一八〇七）などがある。

『精要算法』は、仮名交じり文で書かれた関流和算の入門書として広く普及した書。江戸芝の愛宕神社に掲げた算額を藤田に批判された会田安明《やすあき》は、本書を批判した『改精算法』を執筆して、両者の間で二〇年にわたる論争が行われた。会田安明はこの論争を通して最上流《さいじょうりゅう》を旗揚げした。『神壁算法』は全国の算額を集成した書である。

① -1　西應寺の正面

① -2　西應寺にある藤田家の墓
右端の木立に半分隠れているのが
藤田定資の墓

① -3　西應寺に眠る藤田定資の墓
「雄山藤田先生墓」と刻まれている。

会田《あいだ》 安明《やすあき》

一七四七～一八一七（延享四～文化一四）

東京都台東区浅草・港区芝公園／山形県山形市小荷駄町・十日町

最上流数学の創設者

■ゆかりの地

①浅草寺（記念碑）＝東京都台東区浅草 2-3-1
②金地院《こんちいん》（墓）＝東京都港区芝公園 3-5-4
③小荷駄町公園［山形市立図書館隣］（胸像）＝山形県山形市小荷駄町 7-12
④実相寺（墓）＝山形市十日町 3-8-45

■交通

①都営地下鉄浅草線の「浅草」駅下車、徒歩 10 分。
②都営地下鉄三田線の「御成門」駅下車、徒歩 10 分。
③ JR「山形」駅下車、徒歩 30 分。
④ JR「山形」駅下車、徒歩 15 分。

■メモ

①雷門をくぐって仲見世通りから境内に入ると、奥山庭苑にある。伝法院庭園と淡島堂の間に位置する。
②境内「会田家之墓」を探せば、容易に見つけられる。
③④図書館前の池の植え込みに胸像がある。ここから実相寺までは徒歩 15 分程度。墓は、境内の裏口から出て、道路を隔てた奥の墓所にある。

会田安明は一七四七年、出羽国山形七日町（現・山形市七日町）に生まれた。父は山形藩の足軽だった。八歳のとき、大人もわからない知恵の輪を一晩で解いたという。一六歳のとき郷里の算学者の岡崎安之《やすゆき》に師事し、まもなく師範代となったが、もう学ぶことがなく、自らさまざまな算学書を集め、また学者を訪ねて、学を深めようとした。

一七六九年二三歳のとき、江戸に出て、旗本鈴木家の養子となった。幕府の下役人として土木事業に従事しながら、算学の研究を続けた。絶えず江戸の算学者として知られる人々を訪ね歩き、算法についての問答を繰り返した。こうして一〇余年の研究を算額として、一七八一年芝の愛宕山に奉納した。

しかし算学で身を立てるには、官学の関流の免許が必要と思われた。知人に頼んで藤田貞資の弟子になろうとしたが果たせなかった。安明は、藤田の『精要算法』（一七八一）に誤りがあるとして、『改精算法』（一七八五）を刊行し、以来二〇年にわたって論戦した。

一七八七年四一歳のとき浪人となって、会田姓に戻り、会田算左衛門安明と名乗った。以後算学の研究に没頭した。その著述は、代数学の名著とされる『算法天生法指南《さんぽうてんせいほうしなん》』など二千巻に達し、関流に対抗して自分の流派を出身地の最上から取って、最高という意味で「最上流《さいじょうりゅう》」と称した。安明の算式は、関流のものよりも簡易化され、ほとんど西洋のものと同じになったという。

一八一七年死去、享年七一歳。江戸本所の即現寺に葬られたが、のち、芝公園の金地院に改葬された。なお山形市十日町の実相寺の会田家墓地にも墓碑が建立された。小荷駄町公園には胸像が建てられている。没後二年後の一八一九年、弟子たちによって東京浅草の浅草寺の境内に算子塚が建立された。

①-1　浅草寺境内に建てられている算子塚

安明愛用の算子（算木）を埋めた供養の塚である。

②-1　金地院の正面

②-2　金地院に眠る会田安明の墓

「会田家之墓」に合葬されている。左側面に「大正十二年二月十七日　本所区即現寺ヨリ改葬　会田ふさ子」と刻まれている。

③-1　小荷駄町公園（山形市立図書館隣）にある会田安明の胸像

左側面にある文面は下記。

最上《さいじょう》流の元祖　會田算左衛門安明

安明は延享四年（一七四七）山形に生まれ江戸に出て、和算（日本独自の数学）の研究と教授に専念した。彼は関流開祖関孝和と並ぶ大数学者であった。

生涯に二千冊の書を著し特に算法天生法指南は名教科書として知られる。晩年郷里に帰ろうとしたが病のため（七十一歳）江戸で没した。その門弟は山形のみならず福島、長野等全国に多かった。

この像は安明を顕彰するために昭和五十五年（一九八〇）山形ロータリークラブの寄贈により建てられたものである。

山形県和算研究会

④-1　実相寺の山門

④-2　実相寺にある会田家墓地

正面に見えるのは「會田光栄翁碑」と題された大きな石碑。会田安明の墓は左端にある。現在、この墓地は区画整理され、中央が通路となり、右側に会田家の墓の一部を残し、左に新しい墓が建てられているという。

④-3　実相寺に眠る会田安明の墓

墓石の表面に「法名数学殿院無量自在大居士」と刻まれている。

最上《もがみ》　徳内《とくない》

一七五五～一八三六（宝暦五～天保七）

山形県村山市中央／東京都文京区向ケ丘

算学、天文・暦学を力に蝦夷地を探検した探検家

■ゆかりの地

①最上徳内記念館＝山形県村山市中央 1-2-12
②蓮光寺（墓）－東京都文京区向ケ丘 2-28-3

■交通

① JR 奥羽本線の「村山」駅下車、西口より徒歩 20 分。
②都営地下鉄三田線の「白山」駅下車、徒歩 10 分。

■メモ

①記念館には、書物・測量器械・北方地図などの資料が展示されている。アイヌの人々との交流を示すアイヌ館もある。
②境内に入って、すぐ左、もみじの木の後方にある。

最上徳内は一七五五年、出羽国村山郡楯岡村《たておか》（現・山形県村山市楯岡）の貧しい農家に生まれた。幼名を元吉《げんきち》、のち常矩《つねのり》と名乗った。字は子員《しいん》、白虹斎《はっこうさい》などと号した。幼い頃から本が好きで、なかでも算術、天文を好み、家業のかたわら算書をおいてその問題を考えることを楽しみにしていたという。

一七八一年二七歳のとき、武士になろうと江戸に出た。官医山田宗俊の家僕となって医学を修め、地理学者本田利明の門弟で関流和算家の永井右仲《うちふ》について算学を学んだ。二年後、その本田利明の門をたたき、天文、算学、測量、地理、航海術などを学び、同郷の算学者会田安明とも知り合った。

一七八四年、江戸出立の前年、江戸芝の愛宕山に算額を奉納した。このとき「高《こう》元吉常矩」と署名している。最上徳内を名乗ったのは、この年からである。翌一七八五年三一歳のとき、幕府の蝦夷《えぞ》地探検隊に加わり、同年より翌年にかけて東蝦夷地を調査し、国後《くなしり》、択捉《えとろふ》、得撫《うるっぷ》の各島を踏破した。一七九一年、そしてその翌年にも千島、樺太の探検を重ねた。一七九八年には近藤重蔵らとともに、択捉島に「大日本恵登呂府、寛政十年戊午七月、重蔵徳内以下十五人記名」の標柱を建てた。一八〇〇年から数年間蝦夷地関係の仕事から離れ、主として材木御用掛として全国を回ったという。

一八二六年七二歳のとき江戸に来たシーボルトを訪問し、蝦夷地地図を与え、アイヌ語辞典の編纂《へんさん》にも協力した。「日本北方に関する稀なる蘊畜《うんちく》深き学者」と評された。正確な「蝦夷地図」を作成した他、蝦夷地の見聞をまとめた『蝦夷草子』『蝦夷拾遺』の他、『度量衡説法』などを残した。一八三六年江戸浅草にて死去、享年八二歳。東京都文京区の蓮光寺に眠る。数学者とは言えないまでも、測量という実際に長けた探検家であった。

①-1　最上徳内記念館の正面と側面

庭園内には、顕彰碑、胸像などがある。

① -2　最上徳内記念館中庭に建つ徳内の胸像

②-1　蓮光寺の入り口に立つ案内石柱と案内板

石柱には「史蹟　最上徳内墓」と刻まれている。案内板の文面は左記。

②-2　蓮光寺に眠る最上徳内の墓

新旧２つの墓が並んで建つ。左側の古い小さな墓はプラスチックケースに入れられている。この墓は痛みが激しく文字は読めないが、右側の新しい大きな墓には「贈正五位最上徳内之墓」の文字が大きく刻まれている。

東京都指定旧跡
最上徳内墓
所在地　文京区向丘二―二三十八―二三　蓮光寺内
指　定　昭和十八年三月十六日

江戸時代後期の北方探検家で、宝暦五年（一七五五）出羽国村山郡楯岡村（山形県村山市）に生まれた。天明元年（一七八一）江戸に出て官医山田宗俊の家僕となった。同三年（一七八三）本田利明の音羽塾に入って、天文・測量・航海を学んだ。天明五年（一七八五）蝦夷地巡検使に従者として蝦夷沿岸を巡視、さらに千島方面の調査に向かい国後島に渡航、翌六年（一七八六）択捉島に上陸、さらに日本人として初めて単身得撫島に上陸した。寛政三年（一七九一）、同四年も千島・樺太の探検を重ねた。寛政十年（一七九八）には近藤重蔵らと共に択捉島に「大日本恵登呂府、寛政十年戊午七月、重蔵徳内以下十五人記名」の標柱をたてる。

文政九年（一八二六）シーボルトを訪問。「日本北方に関する稀なる蘊蓄深き学者」と評される。天保七年（一八三六）九月五日八十三歳で歿した。

平成四年三月三一日　建設
東京都教育委員会

石黒《いしぐろ》 信由《のぶよし》

一七六〇〜一八三六（宝暦一〇〜天保七）

富山県射水《いみず》市

算学、天文・暦学の知識を背景に北陸の地図を作成した男

提供／（一財）高樹会・射水市新湊博物館

■ゆかりの地

①射水市新湊博物館（展示）＝富山県射水市鏡宮 299
②高木農村公園（記念碑）－富山県射水市高木

■交通

① JR 北陸本線の「小杉」駅下車、コミュニティバスに乗車し、「カモンパーク新湊」下車、徒歩 1 分。
②高木農村公園は博物館の南 1km ほど隔てたところにある。徒歩 20 分。

■メモ

①②博物館は、射水の歴史と高樹文庫の展示からなる。石黒信由の展示は後者。道の駅「カモンパーク新湊」が隣接していて、地元の物産を販売している。農村公園へと散策しながら、歩くのがよいだろう。

石黒信由は一七六〇年、越中国射水郡高木村（現・富山県射水市高木）の庄屋の家に生まれた。幼名は与十郎、通称は藤右衛門、号は高樹または松香軒《しょうこうけん》。三歳のとき父が亡くなったので、母に婿を迎えたが、この縁組はうまくいかず、信由は祖父母に育てられた。平安時代の昔、この地出身の三善為康《みよしためやす》が算学を修めて、日本一の算学博士になった話などを、祖父から聞くうちに、算学に深い興味を持つようになった。一七八二年二三歳のとき、富山町の関流和算家の中田高寛《たかひろ》の門に入った。入門二年後には最初の著作『広益算梯答術《こうえきさんていとうじゅつ》』を著し、一七九六年三七歳のとき関流の和算の免許を受けた。

算学だけに満足できずに、金沢の宮井安泰《やすひろ》に入門して、山崎流測量術を学び、一八〇一年四二歳のとき免許を得ている。また、一七九九年四〇歳のとき、城端町の西村太冲《たちゅう》に入門して、天文・暦学を学んだ。

この間、一七九二年三三歳のときには射水郡の田地割分地人、三年後の一七九五年三六歳のときには縄張役を命ぜられて、各地の検地、測量の仕事に従事していた。

一八〇三年八月、全国測量中の伊能忠敬《ただたか》ら一行がやってきたときには、放生津《ほうじょうづ》町の宿泊先を訪ね、天文・暦学、地理などについて親しく語り合ったという。忠敬は五九歳、信由は四四歳であった。翌日は同行して、測量を見学した。このとき、忠敬が使用している測量器具に深い関心を持ち、器具の改良に信由を取り組ませることとなった。彼によって改良された測量器具は加賀藩各地に普及していった。

その後、一八一九年六〇歳のとき、加賀《かが》（金沢）、越中《えっちゅう》（富山）、能登《のと》の地図作成の命を受け、一七年かけて天保六年に、「加越能三州郡分略絵図《かえつのうさんしゅうぐんわけりゃくえず》」を完成した。和算の主著に『算学鉤致《さんがくこうち》』全三巻（一八一九）がある。一八三六年死去、享年七七歳。ふるさと高木の石黒家墓地に眠る。

①-1　射水市新湊博物館の外観

①-2　射水市新湊博物館内の石黒信由の展示コーナー

「石黒信由の実学」として和算にも焦点を当てて展示している。

②-1　高木農村公園に建つ
石黒信由の顕彰碑

日下《くさか》 誠《まこと》

一七六四〜一八三九（宝暦一三〜天保一〇）

東京都台東区谷中

逸材を育てる才があった教育者

多宝院の正面

■ゆかりの地

①多宝院（墓）＝東京都台東区谷中 6-2-35

■交通

① JR 山手線の「日暮里《にっぽり》」駅下車、谷中霊園を通り抜ける。徒歩 10 分。

■メモ

①墓石の表面には「日下誠先生之墓」と刻まれているが、墓石が小さいうえに、その周囲に接近して他家の墓石が取り囲んでいるので、見つけにくいかもしれない。

日下誠は一七六三年、上総国（現・千葉県）に生まれた。通称は貞八郎、字を敬祖、五瀬と号した。初め、鈴木誠政《せいせい》といい、のち矢田喜惣太《きそうた》、さらに日下貞八郎と改名した。

その来歴の詳細ははっきりしない。若いときには、呉服所茶屋の手代を勤めていたという。一五、六歳の頃から算術がとても器用であった。のち安島直円《なおのぶ》について和算を修め、その皆伝を得た。江戸麻布日下窪に塾を開き、多くの門弟を育てた。ここから、和田寧《やすし》、内田五観《いつみ》、長谷川寛《ひろし》、白石長忠《ながただ》、小出兼《かね》政《まさ》などの秀才が輩出した。自らに、際だった研究成果というものはないが、逸材を育てる才があった。著書に『円理弧背真術解《えんりこはいしんじゅつかい》』『累円術《るいえんじゅつ》』などがある。師の安島直円の遺稿『不朽算法《ふきゅうさんぽう》』（一七九九）二巻の編者でもある。一八三九年死去、享年七六歳。東京都谷中の多宝院に眠る。

ここで主な門弟について述べると、和田寧（一七八七～一八四〇）は、播磨（兵庫県）三日月藩士。浪人となって江戸に出て日下誠の門で学ぶ。のち京都の土御門《つちみかど》家の数学師範となった。曲線や曲面の求積に必要な円理表を工夫し「和田の円理表」（定積分表）を完成した。関数の極値についての研究もある。内田五観は（一八〇五～一八八二）は、幕臣の子として江戸に生まれた。一一歳で日下誠に入門した。富士山の高さを測定し、『日本高山直立一覧』を表す。著書に『古今算鑑』（一八三二）など。明治維新後は大学助教に任じられ文部省に出仕し、天文局督務などを歴任した。長谷川寛（一七八二～一八三九）は、日下誠の塾で学んだのち、自らも塾を開く。長谷川道場の名前で知られ、この道場からも、優れた門人が多く育った。変形術、極形術の創始者として知られる。小出兼政（一七九七～一八六五）は徳島生まれ、通称は長十郎。著書に『円理算経《えんりさんけい》』（一八四二）など多数ある。

① -1　多宝院に眠る日下誠の墓

小さな自然石の表面に「日下誠先生之墓」と刻まれている。戒名は「覚真院観翁照道居士」。

千葉《ちば》　胤秀《たねひで》

一七七五～一八四九（安永四～嘉永二）

岩手県一関市花泉町

『算法新書』の著者

■ゆかりの地

①花泉支所庁舎（記念碑、胸像）＝岩手県一関市花泉町涌津字一ノ町 29

②千葉胤秀旧宅＝岩手県一関市花泉町老松字佐野屋敷 156

■交通

① JR 東北本線の「花泉」駅下車、徒歩 10 分。

② JR 東北本線の「花泉」駅下車、市バスに乗車し、「大祥寺前」下車、徒歩 3 分。または駅よりタクシーで 10 分。

■メモ

①②花泉散策しながら、徒歩で巡るのもよいだろう。墓も、同市台町の祥雲寺にある。

千葉胤秀は一七七五年、陸奥国流郷《ながれごう》清水村（現・岩手県一関市花泉町）の農家に、兄一人、姉二人の末っ子として生まれた。幼名を雄七と言った。幼少の頃から和算に興味を持ち、農家の子でありながら、一関藩の家老梶山次俊《つぐとし》に入門を許された。一関までの道を徒歩で往復八時間もかけて通い、勉学に打ち込んだ。これが数年間続き、時には帰途道端に腰を下ろして考え込んだり、疲れてそのまま明け方まで眠り込んだこともあったと伝えられる。

一八〇一年二七歳のとき、近隣の佐野屋の養子なった。その後も和算の勉学を深め、自宅を開放して近隣の人々に和算を教えるとともに、旅をしながら和算について講義をしたり、個人指導をした。

一八一八年四四歳のとき、『道中日記』で知られる遊歴和算家の山口和に会い、この出会いがきっかけとなって、江戸に出て、関流和算家の長谷川寛に入門した。入門した翌年には、はやくも見題《けんだい》（初級免許状）と隠題《いんだい》（中級）を授与され、藩主からは苗字を許された。さらに一〇年後には伏題《ふくだい》（上級）も授与されて、免許皆伝となった。

帰国後、藩士に取り立てられて、算術師範役となった。藩校で和算の教授を行なう他、宮城県北などで道場を開き、多くの門弟を育てた。教え方がうまく、入門希望者が後をたたず、その数は数千人ともいう。

一八三〇年五六歳のとき、和算の初歩から、微分・積分などの高等数学までを学べる『算法新書』を刊行した。本書は、明治まで版を重ね、当時秘伝主義に陥っていた和算を全国の和算家や庶民の間に広めることに貢献した。

一八四九年死去、享年七五歳。一関市台町の祥雲寺に眠る。法名「関量院数観流峯居士」。

①-1　花泉支所庁舎前に立つ千葉胤秀の胸像と記念碑の全景

胸像の右手に「算法新書」の碑、左手に案内板が立つ。文面は次頁。

①-2　千葉胤秀の胸像

①-3 「算法新書」の碑

千葉胤秀著「算法新書」巻之三より
として、和算の図が刻まれている。

千葉胤秀（安永四年〜嘉永二年　一七七五〜一八四九）

算学（和算）家、安永四年流郷清水村（現花泉町花泉）原屋敷に父・孫四郎、母・吉の次男として生まる。名は雄七、諱胤秀、流峯と号す。寛政十三年（一八〇一）流郷峠村（現花泉町老松）佐野屋敷・喜惣兵衛（専太郎）の養子となる。養母を蓮といい、その長女・喜曽を妻とす。幼少より穎敏、数学を好み一関藩家老・梶山家七代主水次俊（号岷江）について和算を学ぶ、業成って岩手県南宮城県北の諸処に道場を開き出張教授す。文化十五年（一八一八）峠村新組（足軽）に召し出さる。同年関流和算の普及をめざし、遊歴中の和算家山口和と出会い、その勧めにより文政元年（一八一八）六月数学修業のために江戸に上り、関流正統六伝・長谷川寛の門に入り、刻苦勉励、日ならずして見題、隠題の免許二巻を得て帰国。文政二年（一八一九）時の藩主・田村宗顕公これを賞し永々苗字袮を許さる。文政十一年（一八二八）藩主・邦顕公数術の卓越なるを賞し、其身一代士籍に抜擢、算術師範役を仰せ付けらる。同十二年皆伝免許伏題の巻を受ける。文政十三年（一八三〇）「算法新書」を発刊、藩主に献上。その賞として天保二年（一八三一）徒士組に列せらる。天保十三年（一八四二）中八組に昇進。弘化三年一関に算学道場を建て門弟の教授に当たる。常に研鑽を怠らず。教えるに懇切丁寧、師の名声聞き教えを乞う者日々に加わりその数、数千に及ぶという、「算法新書」の刊行により、関流和算の初歩から高度の術である円理の法まで、自学を容易なものとし、師弟相伝の秘法扱いであった和算を開かれたものとなり、関流和算の全国的な普及と興隆の基いを築く。子・胤道、胤英、孫・胤規、胤英は支流を起こし挙つて家学を継承、各々門弟を育成、門弟また地方の核となり門弟を指導し、この地方に胤秀を頂点とする全国屈指の和算隆盛の地の出現を見るに至る。行年七十五歳。大正十三年（一九二三）二月十一日生前の和算普及の功が認められ従五位を贈位さる。

人間わば答ふる事を左によせて
　只き得てゆく弥陀の浄土へ

（解説　渡辺　正巳）

②-1　千葉胤秀旧宅（花泉町指定文化財）とその案内板　文面は次頁

千葉胤秀旧宅

本旧宅は、関流和算家として名声を博した千葉胤秀が寛政十三年（一八〇一）養子に迎えられ、二十七年間生活し、また、和算の教授にあたったと伝えられるものである。

土間には手斧削りの丑持柱が残り、丑梁を支えている柱は杉材を用いており、古い様式を残す手斧削りで、目に見える部分の仕上げは鉋仕上げとなっており、柱の断面は長方形となっている。表間口とおかみ開口部は三本戸溝になっており、外回りの柱には、大壁であったことを示す桟跡が残っている。

建築年代を示す確たる資料は残されていないが、以上の特色から約二〇〇年は経過しており、当時としては、格式の高い民家であったと評価されている。また、一部に改修された部分はあるものの、当時の建築様式を顕著に表しており、町内に残る民家としては、建築史上からも貴重なものである。

平成二年十二月に、その歴史的な価値から花泉町文化財（建築物）として指定し、以後保存整備をしたものである。

花泉町教育委員会

山口《やまぐち》 和《かず》

一七八一?～一八五〇（天明一?～嘉永三）

新潟県阿賀野市外城町

日本全国を遊歴した和算家

水原八幡宮の正面

■ゆかりの地

①水原《すいばら》八幡宮（記念碑）＝新潟県阿賀野市外城町 14-21

■交通

① JR 羽越本線の「水原」駅下車、徒歩 30 分。

■メモ

①白鳥の餌付けに成功し、世界から注目された瓢湖《ひょうこ》の湖畔にある。5000 羽もの白鳥が毎年飛来し越冬する。山口和ら優れた和算家を輩出したことにちなんで、「算数の町」として広報活動をしている（町のアーケードに問題を下げ、自由にその解答を提出するなど）。この神社でも「算数守」を扱っている。記念碑は境内の奥にあって、すぐに見つけられる。

山口和は一七八一年（天明元）頃、越後国水原《すいばら》（現・新潟県阿賀野市外城町《とじょうちょう》）に生まれた。幼名は七右衛門、のち倉八と改め、坎山《かんざん》と号した。幼少の頃から数学が好きであった。さらに数学を学ぶために父の許しを得て、江戸から来ていた代官について江戸に出て、日下誠の弟子望月藤右衛門に学び、さらに長谷川寛《ひろし》の道場に入門した。長谷川寛は和と同郷の人であった。ここで研鑽《けんさん》に励み、第七代の免許を授与された。一番弟子となって、後進の指導にあたった。

一八一七年（文化一四）四月九日、三七歳の頃、長谷川道場からぶらり遊歴の旅に出た。行き先は千葉・茨城の周遊で、旅の目的は、その地域の和算家や和算を愛好する人々を教え導くことであった。当時和算は庶民の間にまではやっていて、遊歴の先々で歓迎された。

この旅をきっかけとして、一八二八年（文政一一）年一〇月、四八歳の頃まで、一一年間、全部で六回、同様な全国遊歴の旅に出ている。旅の長さは、一年程度、ときには二年を超える旅もあった。行き先は、北は東北の青森から北陸、近畿、中国、四国へと回り、南は九州の長崎まで、ほとんど全国といえる。その歩いた総距離は一万八〇〇〇キロに達した。

旅の記録は、『道中日記』として残されている。この日記には、各地の神社仏閣に奉納されている算学の問題や各地の生活の様子が、簡潔な文とともに絵や地図で描かれている。

全国遊歴の旅を通して、全国に弟子を残し、和算をますます広げることに寄与した。遊歴和算家の代表的人物といえる。第六回の旅は、一八二八年七月ふるさと水原を出立し、その年一〇月に水原に帰った。その後の消息は不明である。一八五〇年死去、享年七〇歳、墓碑は不明。

①-1　水原八幡宮の境内

山口和の『道中日記』に描かれている「江戸日本橋」の図

『道中日記』には風景や算額の図が数多く描かれている（佐藤健一他校注『和算家・山口和の「道中日記」』研成社、1993、p.14より）。

①-2　水原八幡宮に立つ山口和の頌徳碑

表面には「坎山　山口和」と大きく刻まれ、裏面には略歴と業績が刻まれている。文面は下記。

山口坎山頌徳之碑

坎山山口先生ハ水原町ノ人江戸ニオイテ同郷ノ算學者長谷川西蟠先生ノ門ニ入リ関流算學ノ正統ヲ承ケテ研學多年ツイニソノ奥儀ヲ究ム文政ノ初天下周遊ノ途ニツキ全國ニ多数ノ門弟ヲ養成シ本邦算學史上ニ偉大ナ足跡ヲ遺セリ

偶々當町外城八幡宮奉納算學及ビ道中ノ日記等史料ノ保存調査ヲ機トシ茲ニ建碑ノエヲ起シ些カ以テ先生頌徳微意ヲ致スノミ

昭和三十三年九月一日

新潟県立教育庁

文化財保護主任　宮　栄二撰文

松蔭　弦巻悌二書

けんもち　あきゆき
剣持　章行

一七九〇〜一八七一（寛政二〜明治四）

千葉県旭市鏑木《かぶらぎ》

関東一円を遊歴した和算家

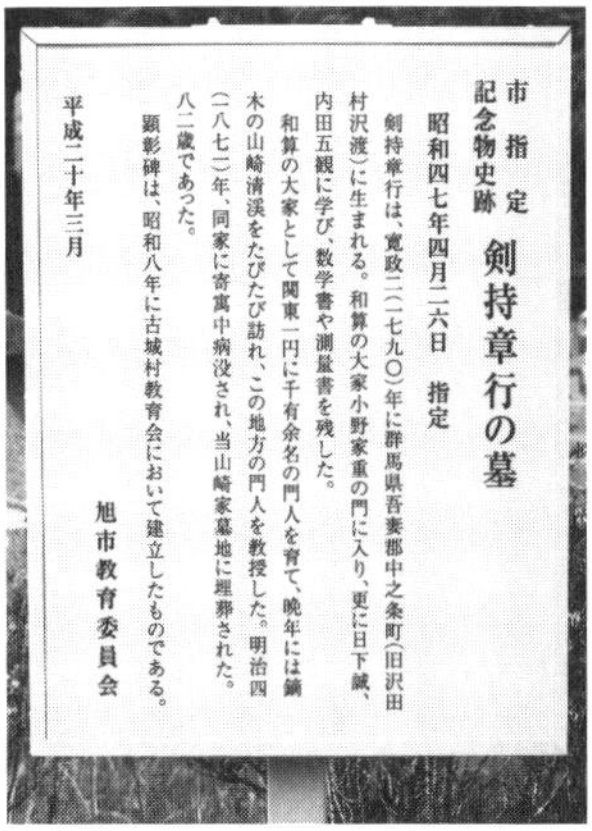
市指定
記念物史跡　剣持章行の墓
昭和四七年四月二六日　指定
剣持章行は、寛政二(一七九〇)年に群馬県吾妻郡中之条町(旧沢田村沢渡)に生まれる。和算の大家小野家重の門に入り、更に日下誠、内田五観に学び、数学書や測量書を残した。
和算の大家として関東一円に千有余名の門人を育て、晩年には鏑木の山崎清渓をたびたび訪れ、この地方の門人を教授した。明治四(一八七一)年、同家に寄寓中病没され、当山崎家墓地に埋葬された。八二歳であった。
顕彰碑は、昭和八年に古城村教育会において建立したものである。
旭市教育委員会
平成二十年三月

鏑木共同墓地に立つ案内板

■ゆかりの地

①鏑木共同墓地（記念碑、墓）＝千葉県旭市鏑木 908

■交通

① JR 総武本線の「干潟」駅下車、タクシーで 30 分。または、コミュニティバスに乗車し、「鏑木　坂上」下車、妙経寺を目標に徒歩 5 分。ただしバスは 1 日 4 便程度。

■メモ

①鏑木共同墓地は妙経寺のすぐ近くにあるが、この寺の墓にはなっていない。妙経寺の参道から右に細い脇道に入ると突き当たりにある。しかし、初めての訪問には、わかりにくいかもしれない。

剣持章行は一七九〇年、現在の群馬県吾妻郡中之条町澤渡《さわたり》（旧・澤田村澤渡）の農家に生まれた。その屋号を「たけ屋」といった。通称を要七、または要七郎、字は成紀、豫山《よざん》と号した。任数堂とも名乗った。

子どもの頃から学問を好み、初め、同国の関流和算家の小野栄重《よししげ》に算学を学んだ。農業と馬方を職業としながら、その余暇に算学を研究し、一八二七年三八歳のとき、小野栄重より、「見《けん》・隠《いん》・伏《ふく》」の三題皆伝を与えられた。

一八三九年五〇歳のとき、家督を弟に譲って江戸に出て、日下誠、内田五観の塾に入門し、関流七伝の免許を得た。算学の他、天文・暦学の研究も行なっていたという。

壮年の頃から、武蔵《むさし》（大部分は今の東京都と埼玉県）、上総《かずさ》（千葉県中央部）、下総《しもうさ》（千葉県北部と茨城県の一部）、常陸《ひたち》（茨城県の大部分）など関東一円を遊歴し、和算を教えた。遊歴和算家の代表的ひとりに数えられる。とくに常陸は門弟が多く、何度も遊歴する土地であった。その門弟は千人を超えたという。遊歴の記録は「旅日記」として残されている。

著書に、『算法円理氷釋《さんぽうえんりひょうしゃく》』（一八三七）、『探賾算法《たんせきさんぽう》』（一八四〇）、『算法開蘊《さんぽうかいうん》』（一八四九）、『量地円起方成《りょうちえんきほうせい》』（一八五三）、『量地円起方成後編』（一八五五）、『検表相場寄算《けんぴょうそうばよさん》』（一八五六）、『算法約術新編』（一八六二）などがある。これら刊行本の他、さまざまな問題の解義書や草稿類も多数残されているという。

下総国鏑木《かぶらぎ》（現・千葉県旭市鏑木）の山崎清渓《せいけい》も、彼の高弟の一人であったので、しばしば山崎家を訪れて、この地方の門人に教えていた。一八七一年、同家に寄寓中、病没した。享年八二歳、山崎家の墓地に葬られた。一九三三年、古城村教育会において、同所に顕彰碑が建てられた。

①-1　鏑木共同墓地に建つ剣持章行の顕彰碑

顕彰碑は1933年建立。表面に「剣持章行先生碑」と刻まれている。かたわらに2008年3月建立の真新しい案内板が立つ。文面は下記。

市指定記念物史跡　剣持章行の墓
　昭和四七年四月二六日　指定
　剣持章行は、寛政二（一七九〇）年に群馬県吾妻郡中之条町（旧沢田村沢渡）に生まれる。和算の大家小野家重の門に入り、更に日下誠、内田五観に学び、数学書や測量書を残した。
　和算の大家として関東一円に千有余名の門人を育て、晩年には鏑木の山崎清渓をたびたび訪ね、この地方の門人を教授した。明治四（一八七一）年、同家に寄寓中病没され、当山崎家墓地に埋葬された。八二歳であった。
　顕彰碑は、昭和八年に古城村教育会において建立したものである。
　　　　　　　　旭市教育委員会
平成二〇年三月

① -2　鏑木共同墓地に眠る剣持章行の墓

高さ数十 cm の小さな墓石。「剣持章行先生墓」と刻まれているが、彫りも浅く、この墓を見つけるのは容易でない。

① -3　剣持章行の墓のある山崎家の墓

墓所は狭いが、山崎家の墓と刻まれた新しい墓所がふたつある。剣持章行の墓がある山崎家の墓は、そこから 10m 程度離れた一画にある。正面の小さな墓が剣持章行の墓。背後に文字が消え、朽ちかけた案内板が立つ。

小出《こいで》 長十郎《ちょうじゅうろう》

一七九七〜一八六五（寛政九〜慶応一）

徳島県徳島市寺町

算学、暦学、弾道学などの分野で先駆的業績を残した和算家

善学寺の山門

■ゆかりの地

①善学寺（墓）＝徳島県徳島市寺町 17

■交通

① JR「徳島」駅下車、徒歩 20 分。

■メモ

① 2013 年夏から翌年春頃、兵庫県在住の小出家の方が墓を引き払ってしまったので、現在この墓はない。寺の入口に立っていた案内石柱も撤去されている。今は写真を通して、偲ぶしかない。

小出長十郎は一七九七年、現在の徳島市富田橋に生まれた。字は修喜《しゅうき》、のち兼政《かねまさ》と名乗った。長十郎は通称である。父は他国への和紙の輸出を統制する紙方代官手代として徳島藩に仕えた人で、長十郎も父が亡くなるとその跡を継いだ。少年の頃から「奇童」と呼ばれ、漢学や宮城流算学などを学んだ。一八二四年、二八歳のとき江戸に出て、諸家の門をたたいた。日下誠からは関流算学を、会田安明からは最上流の算学を学び、免許皆伝を受けた。京都の土御門家にも入門し、天文・暦学を学び、一八三四年には、「消長法《しょうちょうほう》」を授けられている。消長法とは、一年の長さが徐々に変化することを正確に組み込んで暦を作る方法である。

著述は四〇種にも及び、算学、暦学、弾道学などの分野で先駆的業績を残した。まず算学の分野では、初期に刊行された対数表『算法対数表』、定積分の優れた解説書『円理算経《えんりさんけい》』などがよく知られている。天体観測とそれにもとづく暦の作成に対数計算や積分は必要不可欠なものであった。

暦学の成果として、つとに著名なのは一八五二年五六歳のときに完成した『蝋蘭垤訳暦《ららんでやくれき》』である。当時江戸の天文方では、オランダ語の天文暦学書「ラランデ暦書」の研究が行なわれていたので、消長法についての疑問解決とこの暦書の研究のために、長十郎は、渋川景佑《かげやす》の門に入ったが、適切な指導も受けらずにいた。その後、「ラランデ暦書」を苦労の末、長崎で購入し、徳島藩の藩医高畠耕斎《たかばたけこうさい》とその養子由岐左衛門の協力を得て、完成させたのが『蝋蘭垤訳暦』である。銃弾の軌道について正確に論じた『砲術玉道真法《ほうじゅつぎょくどうしんぽう》』も注目されている著述である。

一八六五年徳島で死去した。享年六九歳。徳島市寺町の善学寺に眠る。

① -2　善学寺に眠る小出長十郎の墓

夫人との夫婦墓。表面に「修算院自達居士　妙院智學大姉」と２人の戒名が刻まれ、右側面に「贈従五位小出長十郎墓」、裏面には「天文及数学ノ大家トシテ暦法改正及和算ノ発達ニ貢献セル所大ナリ」と刻まれている。

① -1　善学寺の入口に立つ案内石柱

入口横には「天文暦学者小出長十郎墓所」と刻まれた案内石柱が立っている。

福田《ふくだ》 理軒《りけん》

一八一五〜一八八九（文化一二〜明治二二）

東京都北区王子本町

『測量集成』『西算速知《せいさんそくち》』を著した

順天堂塾の創設者

■ゆかりの地

①順天学園新田キャンパス（胸像、展示）＝東京都北区王子本町1-17-13

■交通

①東京メトロ南北線の「王子神谷《かみや》」駅下車、徒歩10分。

■メモ

①ドーム型をしたメモリアルホールの内部が展示室になっていて、胸像もある。

福田理軒は一八一五年、大阪の天満樽屋町（現・大阪市北区天神西）に生まれた。通称謙之丞《かねのじょう》、主計介《かずのえすけ》、号は理軒、順天堂、名は泉と言った。祖先は岐阜の人で、父は大阪に来て、二男を生んだ。兄とともに和算家武田真元《しんげん》の門に入り、和算を学んだ。同時に、土御門家の開く塾で天文・暦学を学んだ。

諸国を遊歴した後、大阪に戻り、一八三四年二〇歳のとき、南本町の天文・暦学家麻田剛立《ごうりゅう》の旧邸の地に私塾を開いた。その名を順天求合社《きゅうごうしゃ》または順天堂塾と称した。ここでの門弟は数百人を数えたという。

一八七一年（明治四）五七歳のとき、東京に出て、神田猿楽《さるがく》町に塾を移し、順天求合社と称した。この塾は移転を繰り返しながら、現在の順天学園（順天中学校・高校）へと発展した。六年後の一八七七年、東京数学会社の創設にも尽力した。

一八八四年七〇歳のとき、理軒とその子治軒《ちけん》は、塾長職を高弟のひとり松見文平《ぶんぺい》に譲り、二人は大阪に戻った。

著書に『測量集成』（一八五六）『西算速知《せいさんそくち》』（一八五七）などがある。『測量集成』は、全一〇巻一一冊あって、古い時代から当時の測量術まで、広い範囲にわたっての測量の方法を集成したものである。『西算速知』は、同年出た柳河春三《しゅんさん》の『洋算用法』（一八五七）とともに、わが国最初の西洋数学書として位置づけられる書物である。内容は中国風で、アラビア数字は使っていない。加減乗除の筆算を説明したもので、そろばんに比べて便利であると説いた。「西算」とは、西洋の数学を指す中国語で、それはまもなく「洋算」に統一され、さらに単に「数学」といえば洋算を意味するようになる。

没年は不詳であるが、一八八九年とするのが有力。享年七五歳、墓碑は不明。

① -3　福田理軒の胸像

① -1　順天学園新田キャンパス
メモリアルホールの外観

① -2　メモリアルホールの中央
正面に立つ 3 人の先人像

向かって左が理軒の胸像で、「順天堂塾創立者福田理軒之像」とある。中央の立像は「順天再興之祖　渡辺西蔵之像」、右の胸像は「順天求合社第三代校長　松見文平之像」とある。

佐久間《さくま》　庸軒《ようけん》

一八一九〜一八九六（文政二〜明治二九）

福島県田村市船引町

最上流佐久間派算学を開いた先駆者

提供／福島県田村市教育委員会

■ゆかりの地

①佐久間庸軒の書斎＝福島県田村市船引町石森字戸屋 140
②慶長寺（墓）＝福島県田村市船引町石森字中田 64

■交通

① JR 磐越東線の「船引」駅下車、徒歩 50 分。または大段田和行バスに乗車し、「石森」下車、徒歩 15 分。
②慶長寺は書斎の東 900m の石森山にある。徒歩 15 分。

■メモ

①②徒歩もよいが、人気のない山間の道を歩くので、駅で道順を十分確かめてから歩き始めるとよい。行きはバス、帰りは徒歩ぐらいがよいだろう。

佐久間庸軒は一八一九年、現在の福島県船引町石森に生まれた。本名は纉《つづき》、幼名を典九郎といい、兄が若くして亡くなったので、代わって家督を嗣《つ》いで二郎太郎と名乗った。庸軒は、一八五二年儒学者安積良斎の知遇を得て贈られた号である。幼少より父の指導のもとで学問を学び、その才能を見抜いた母は良書を選び与えて、自学自習の精神が身につくように養育した。その養育ぶりに父は「祖先に優るところの算士たらしめたのは全く母の力なり」いったという。

一八三二年一四歳で三春藩（福島県）から苗字帯刀を許された。四年後一八歳で、会田安明の高弟で、二本松藩（福島県）の最上流数学者渡辺一《かず》に入門した。ここで、数学はもちろん書・歌・絵などの諸芸を学んだ。一八五四年三六歳のとき『当用算法《とうようさんぽう》』を著し、その名声は全国に知られるようになった。もうひとつの主著『算法起源集《さんぽうきげんしゅう》』は一八七七年に刊行されている。

この間、庸軒は和算の師を求めて諸国をよく旅した。一八四〇年に仙台、一八四二年には伊勢、熊野、西国三三カ所、四国の金比羅山、信州の善光寺、一八五八年に九州、一八六二年に出羽越後などに旅した。それぞれの旅先で、算題を算額に描き、神社、寺院に奉納した。歴訪した人物は六一名を数える。一八六一年三春藩に召し抱えられ、算術の教授を務めた。また明治維新後は、新政府の地図取調方、磐前《いわさき》県（現・福島県の一部）などにも奉職している。

一八七六年五八歳で官を辞し、石森に帰郷し、ここに庸軒塾を開いた。弟子を指導するのが上手で近隣ばかりでなく遠方からも集まった。その数は、死去するまでの二〇年間に二一四五名を数え、最上《さいじょう》流《りゅう》の主流としての佐久間派を築き上げた。一八九六年死去、享年七八歳。石森山の慶長寺に眠る。

①-1　佐久間庸軒の書斎辺りの風景

車道からS字に曲がった坂道を登った小高いところに書斎はある。緑に囲まれた山里である。

①-2　佐久間庸軒の書斎

田村市有形文化財

①-3　書斎のかたわらに立つ案内板　文面は左記

②-1　慶長寺に眠る佐久間庸軒の墓

福島県指定重要文化財（歴史資料）
佐久間庸軒　和算関係資料（一括）
所在地　福島県田村市船引町石森字戸屋
指定年月日　平成二十三年六月十日
田村市指定有形文化財　佐久間庸軒　和算関係資料（五十七点）
指定年月日　平成二十年十一月二十五日
田村市指定有形文化財　佐久間庸軒 書斎
指定年月日　平成十七年四月十八日
由来等
佐久間庸軒（一八一九～一八九六）、本名は纘《つづき》。二本松の渡辺一（東嶽）に最上流和算を学び、奥義を伝授されました。また諸国に算術修業に赴いては、和算家たちを訪ね、その見聞を広めました。
嘉永七（一八五四）年に和算書「当用算法」を著し、和算家としての名声を得、その後三春藩校の算術方教授となりました。明治維新後は新政府の地図作成、地租改正事業などに従事しました。明治九（一八七六）年に官を辞し、帰村して庸軒塾を開き、二千人以上の門人の教授にあたりました。
佐久間庸軒ゆかりの書斎には、庸軒の手による貴重な資料をはじめ、庸軒及び和算に関する資料群が所在し、当時の和算文化の隆盛を今に伝えます。
田村市教育委員会

阿部《あべ》 有清《ありきよ》

一八二一～一八九七（文政四～明治三〇）

徳島県徳島市寺町

天文・数学を究めたのち後進の育成に尽力

■ゆかりの地

①長善寺（記念碑、墓）＝徳島県徳島市寺町8

■交通

① JR「徳島」駅下車、徒歩20分。

■メモ

①山門の脇に案内の石柱が立っている。本堂の正面近くに記念碑があり、北西の隅に墓石がある。

阿部有清は一八二一年、現在の徳島県石井町に生まれた。名は有清、字を伯周といい、通称を虎吉または雄助といった。家は代々兼業農家（商業）であったが、父の代に阿波藩の家臣となった。幼いときより数学に興味を持ち、六歳のときには八算見一《はっさんけんいち》という方法に通じたという。一三歳のとき阿波の暦学者小出長十郎に入門し、八キロの道を通学し数学と天文学を学んだ。十数年にわたる勉学ののち、関・最上二流の算法の蘊奥を究め、合わせて星学推歩《すいほ》（天文学）をも修めた。その間阿波の蘭学者高畠耕斎《たかばたけこうさい》に蘭学を学んだ。

一八五六年三六歳のとき京都に上り、土御門《つちみかど》家に天文生として入門した。そののち、数学・天文学を深めるべく中国・四国を経て九州各地へと渡り、先達の門をたたいた。杵築《きつき》では加藤伴右衛門の家でランデの星学書を訳出し、長崎では名村貞五郎について蘭学、算学を学んだ。二年後、江戸に出た彼を、幕府は天文台員に任用しようとしたが、実現しなかった。帰郷後は、藩の城地測量や砲台の築造にかかわったのち、一八六九年四九歳のとき洋学教授に任じられ、秀翠《しゅうすい》塾と名づけた家塾を開き、後進の指導に尽力した。一八七一年の廃藩置県後は、旧制徳島中学校などで教鞭をとった。武田丑太郎、林鶴一は彼の門人である。

体は小柄、率直な人柄で、博覧強記、能弁だったという。『太陽十分表《たいようじゅうぶんひょう》』『五星暦矩線表《ごせいれきくせんひょう》』『円理趕《えんりかん》趁《しん》』など天文・数学に関する著作がある。梵語や仏典学にも詳しかった。薪炭など日常生活での会計計算を拒んだり、病気になった子どもの往診を医者に頼みに行ったのに着くと忘れていたというような俗事にうといエピソードが残る。一八九七年死去、享年七七歳。徳島市寺町の長善寺に眠る。

①-1　長善寺の山門

右手に「阿部有清先生・高畠耕斎先生墓所」と刻んだ石柱が立っている。

①-3　長善寺にある阿部有清の記念碑

文字が一部剥落しているが、有清の生涯と業績が記されている。文面は次頁。

①-2　長善寺の山門脇に立つ石柱

貫幽鉤深

阿部先生碑記　正二位勲一等侯爵　蜂須賀茂韶題額

先生姓は阿部氏、諱は有清、初め雄助と称す。祖は辧治君、考は貞右衛門君、妣は平島氏、名西郡石井村の人なり。家は世農に商を兼ね、考に至りて藩老蜂須賀氏に仕ふ。先生は文政四年辛巳《しんし》五月晦《つごもり》を以て生る。天性算を好み、甫《はじ》めて六歳にして八算見一《はっさんけんいち》の法に通じ、十三にして小出長十郎に従学す。相距《さ》ること二里餘なるも、日に往きて風雨寒暑を避けず。十五年を積みて、遂に関・最上二流の蘊奥《うんのう》を究め、専ら天文推歩を攻《おさ》む。又高畠耕斎に就いて蘭学を修め、将に上国に遊んで西洋天文学を修めんとす。父の喪に会いて果さず。

安政三年京師《けいし》に至り、土御門《つちみかど》氏の天文生と為る。中国・四国を歴《へ》て、杵築《きつき》に抵《いた》る。加藤伴右衛門、羅蘭涅《ラランデ》の星学書を蔵す。乃ち請ひて之を訳し、学乃ち大いに進む。長崎に遊び、名村貞五郎に就いて蘭書を講ず。居ること幾ばくも無くして去り、沿路　柳川、久留米、唐津等の数学者を歴問し、明年十二月帰る。凡そ経《ふ》る所の地方、人皆争って業を受く。五年江戸に赴く。幕府将に徴《め》して天文台員を為さんとするも、故有りて就《つ》かず。尋《つ》いで郷に帰り、居を寺島に徙《うつ》して教授す。

文久二年、藩徒士《かち》に擢《ぬきん》づ。既にして命有り、淡路の城地を測度《そくたく》す。自ら機器を製して、其の事に従ふ。又命を奉じて、津田の砲台を築く。中小性に進み、遂に西洋数学の事を掌《つかさど》り、水利局に転ず。明治二年、洋算教授に任ぜられ、禄六十七石を食《は》む。家を旧西城の花圃に移す。所謂《いわゆる》錦春楼なり。家塾を開いて秀翠と曰《い》ひ、遠近より来り学ぶ者門に満つ。

藩廃せられ、朝廷学制を頒《わか》つ。小学教頭、師範黌《こう》及び中学教諭に歴任し、尋《つ》いで大阪府一等教諭に任ぜられ、文部省特授允状《いんじょう》を領《う》け、転じて徳島中学校教師と為る。大日本教育会其の学行を嘉《よみ》し、功績章を贈る。三十年丁酉《ていゆう》十二月二十日、病んで歿す。寿七十七、寺町の長善寺に葬る。配は渡辺氏、二男四女を挙ぐるも、惟《ただ》一女を存し、餘は皆殤《しょう》す。荘野氏の子泰次郎を養ひ、配するに女を以てし、一男を生む。泰次郎は故有りて嗣がず、孫虎雄後を承《う》く。

先生は博覧強記、韻音梵語に通じ、倶舎因明《ぐしゃいんみょう》等の学に明らかなり。人と為り率易にして、辺幅を修めず、而して其の業を授くるは懇切慇摯《いんし》なり。故を以て弟子日に益《ますます》多し。凡そ我が郷多く数学者を出《いだ》すは、皆其の力なり。著す所太陽十分表、五星暦矩線表、円理趕趁《かんしん》の諸著有り。既に歿して、県会先生の教育の功大なるを以て、特に金百円を賻《ふ》す。今茲《ことし》己亥《きがい》、門人故旧《こきゅう》、胥《あい》議して碑を建てんとし、余に文を徴《もと》む。余の先人は先生と旧有り。余も亦教へを門下に受くれば、義辞すべからず。為に其の梗概《こうがい》を叙すと爾《しか》云ふ。

明治三十二年十月　海軍少尉正五位勲四等　森又七郎謹撰

湘香道人新居敦拝書　土井芳季鐫字

注＝原文は漢文、ここでは漢字を新字に直し、句読点と一部ルビを振り、書き下し文を記した。竹治貞夫著『阿波碑文集』（私家版、一九七九）一三三－一四〇頁による。

① -4　長善寺に眠る阿部有清の墓

境内に入るとすぐ左手に四角になった墓所が見える。有清の墓はその墓所の北西の隅にある。夫婦墓で、「脩算院釋圓理居士」の戒名が刻まれている。「圓理（円理）」は微積分を意味する。

杉《すぎ》 亨二《こうじ》

一八二八〜一九一七（文政一一〜大正六）

長崎県長崎市立山／東京都豊島区駒込

日本近代統計学の祖

■ゆかりの地

①長崎県立図書館（胸像）＝長崎県長崎市立山 1-1
②染井霊園（墓）＝東京都豊島区駒込 5-5

■交通

① JR「長崎」駅下車、路面電車に乗車し、「諏訪神社前」下車、徒歩 10 分。
② JR 山手線の「巣鴨」駅下車、徒歩 10 分。

■メモ

①長崎県立図書館の前、長崎公園の入口附近にある。他に、上野彦馬、中村六三郎、シーボルト、チュンベリーなどの先人の記念碑、銅像が立ち並んでいる。
②墓所番号は、「1 種イ 6 号 11 側」。東京の大きな霊園では、前もって墓所番号を調べておかないと、見つけられない。

杉亨二は一八二八年、現在の長崎市に生まれた。名を純道といった。幼くして父母を亡くし、一〇歳のとき上野舶来店に奉公に出た。一八歳のとき大村藩医の村田徹斎《てっさい》の門弟となった。二二歳のとき大阪に出て、緒方洪庵《こうあん》の適塾に入るが、脚気のために同年帰国し、ふたたび村田徹斎の門に入った。翌年、江戸に出て蘭学を教えるようになった。二六歳のとき勝海舟《かいしゅう》と知り合い、その私塾の塾長となった。一八六〇年三三歳のとき、蕃書調所《ばんしょしらべしょ》教授手伝となり、四年後には開成所教授となった。この頃洋書の翻訳にかかわるうちにドイツ・バイエルン国の識字率についての記述に出会ったのが統計学と終生かかわるきっかけとなった。一八六八年（明治元）、静岡に移り、翌年「駿河《するが》国人別調」を実施した。一八七二年、現在の「日本統計年鑑」にあたる「日本政表」の編成を行なった。また、一八七九年には、現在の国勢調査の先駆となる「甲斐《かい》国現在人別調」を甲斐国（山梨県）で実施している。

その間、一八七六年四九歳のとき統計学研究のために有志一〇名らと表記学社を創設した。この団体は一八七八年スタチスチック社、一八九二年には統計学社と改名した。また一八七八年製表社を創設し、翌年には統計協会を設立した。この統計学社と統計協会は、その後統計学術の普及に寄与した。一八八三年には統計院の有志とともに、共立統計学校を設立し、自ら教授長に就任した。

一八八五年五八歳のとき、統計院大書記官を最後に官職を辞し、以後は民間にあって統計の普及に務めた。一九一〇年八三歳のとき国勢調査準備委員会の委員となり、長年の念願であった国勢調査の実現のために尽力したが、第一回（一九二〇）の実施を見ずに、一九一七年死去した。享年九〇歳。東京都豊島区の染井霊園に眠る。

① -1　長崎県立図書館前（長崎公園入口）に立つ杉亨二の胸像

① -2　胸像の台座の碑

②-1　染井霊園に眠る杉亨二の墓

かたわらに「日本近代統計学の祖」と刻まれた石柱が立っている。自然石の墓石には辞世の句が刻まれている。「枯れたれば　また植置けよ　我が庵」。

柳《やなぎ》 楢悦《ならよし》

一八三二～一八九一（天保三～明治二四）

東京都港区南青山

日本数学会社を創設した測量家

■ゆかりの地

①青山霊園（墓）＝東京都港区南青山 2-32-2

■交通

①東京メトロ銀座線の「外苑前」駅下車、徒歩 7 分。

■メモ

①墓所番号は、「1 種イ 10 号 1 側」。東京の大きな霊園では、前もって墓所番号を調べておかないと、見つけられない。

柳楢悦は一八三二年、伊勢国津藩（現・三重県津市）の藩士の子として、江戸の藩邸に生まれた。幼名方太郎。七歳のとき、国詰となった父に連れられて、江戸から津に帰った。ここで、同藩の村田左十郎のもとで関流和算を学んだ。また四書の修得に心を傾け、暗誦《あんしょう》できるほどだったという。一八五五年二四歳のとき、長崎に赴き、新設の海軍伝習所に入所し、オランダ人について西洋数学、測量術および航海術などを修めた。一八五七年帰国し、藩校有造館で数学、航海術などを教えた。一八七〇年三九歳のとき、明治新政府に迎えられた。翌年海軍省に水路部を創設することに尽力した。測量主任として、イギリス測量鑑シルビア号の指導を受けて、三重県の尾鷲《おわせ》・志摩などで、わが国初の水路測量を行なった。海軍少佐、中佐、大佐を経て、一八七六年水路局長、一八八〇年海軍少将へと昇進した。

その間、春日鑑艦長として、北は、北海道の近海、南は琉球諸島から台湾にいたる南北の緒海を航海した。その航海の間、各港を親しく巡検し、経緯度を確定し、海潮の満干を調査し、暗礁砂洲の有無を実測し、航路の通線を確定した。こうして、イギリス海軍水路誌をモデルとしてわが国海軍水路誌の編纂を行なった。これはわが国地理図誌の伊能忠敬《ただたか》の業績に比される業績とされる。

一八七七年四六歳のとき、東京数学会社を神田孝平《たかひら》らとともに創立したことも業績とされる。二人は社長としてその基礎作りに貢献した。なお、会社とは、Society の訳語で、学会という意味で、物理も含まれた学会であった。ここから現在の日本数学会と日本物理学会が生まれている。

著書に『量地括要《りょうちかつよう》』『新功算法《しんこうさんぽう》』、訳著に『航海或問《こうかいわくもん》』などがある。元老院議官、貴族院議員を務めた。一八九一年死去、享年六〇歳、東京都港区の青山霊園に眠る。

① -1　青山霊園に眠る柳楢悦の墓

表面に「海軍少将正三位勲二等柳楢悦墓」と刻まれている。

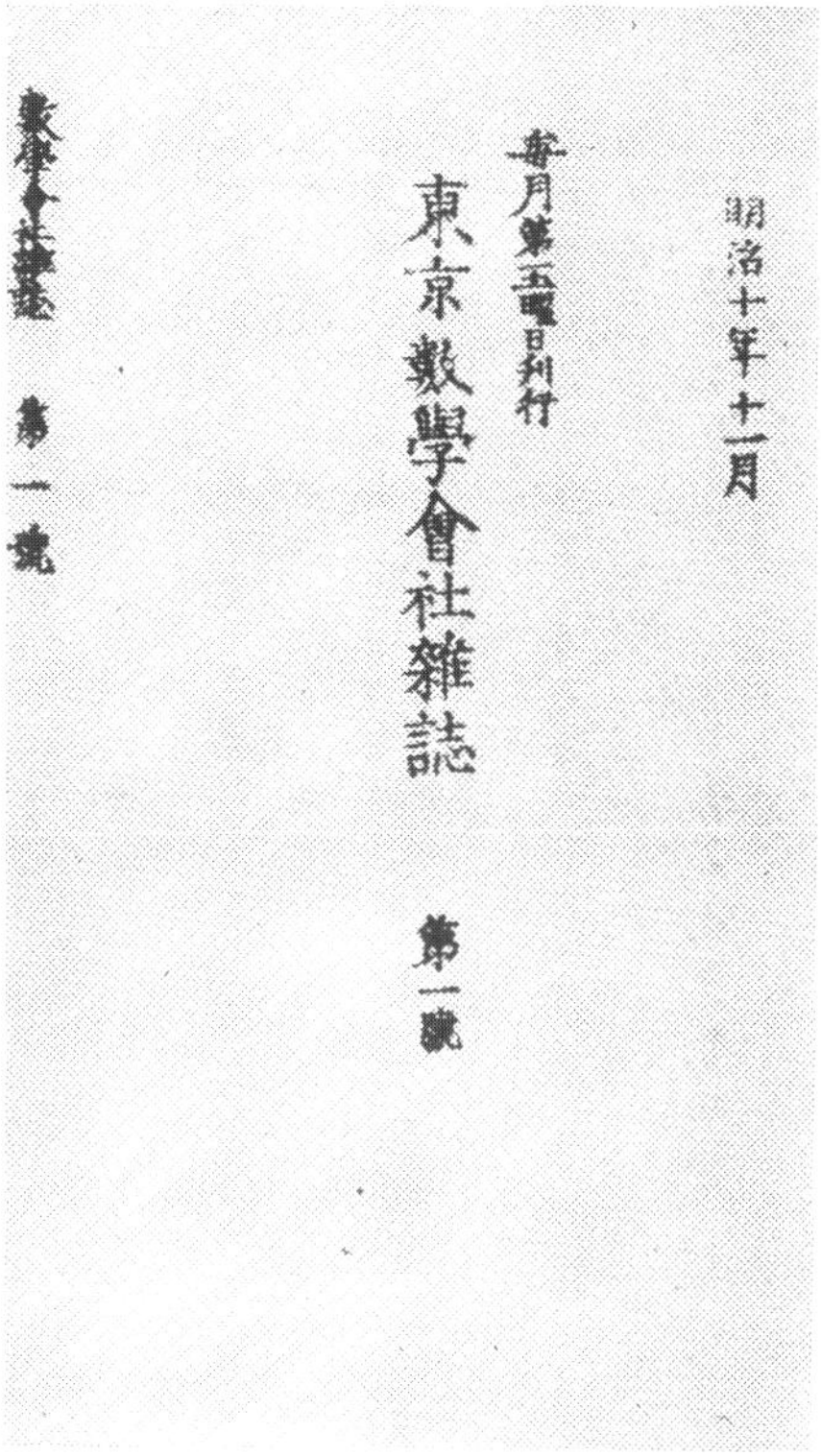

明治十年十一月
毎月第五曜日刊行
東京數學會社雜誌　第一號
數學會社雜誌　第一號

『東京数学会社雑誌』第１号の扉
（日本物理学会から復刻版が刊行されている）

東京数学会社は1877年（明治10）9月に創立した。社長は、神田孝平と柳楢悦の２人。社員は常員55名。同年11月に機関誌として『東京数学会社雑誌』第１号が創刊された。縦書きの和綴じ本の体裁で、今日の新書判程度の大きさであった（17.5cm × 11.7cm）。

翌1878年3月、楢悦は洋行のために社長を辞した。1880年3月には神田孝平も社長を辞した。これを機に菊池大麓が社長廃止を唱え、2カ月ほど社長不在の時期があったが、楢悦の帰国とともに彼は社長に再就任したが、1882年に退社している。

東京数学会社は、その後1884年には東京数学物理学会、1918年には日本数学物理学会と改称し、1946年日本数学会と日本物理学会とに分離独立し、今日にいたっている。現在の会員数は、日本数学会が約5,000名、日本物理学会が約17,000名。

中村《なかむら》 六三郎《ろくさぶろう》

一八四一～一九〇七（天保一二～明治四〇）

長崎県長崎市立山／静岡県沼津市三芳町

海員教育に情熱を傾けた先駆者

■ゆかりの地

①長崎市長崎公園入口（県立長崎図書館前）（記念碑）＝長崎県長崎市立山１丁目 1-51
②蓮光寺（墓）＝静岡県沼津市三芳町 1-23

■交通

① JR「長崎」駅下車、路面電車に乗車し、「諏訪神社前」下車、徒歩 10 分。
② JR 東海道本線の「沼津」駅下車、徒歩 15 分。

■メモ

①長崎県立図書館の前､長崎公園の入口附近にある。他に､上野彦馬、杉亨二、シーボルト、チュンベリーなどの先人の記念碑、銅像が立ち並んでいる。
②寺の墓所は本堂の右側と裏側に広がる。その裏側の中程の一画にある。

中村六三郎は一八四一年、現在の長崎市西浜町に幕臣源家の子として生まれた。字は則秀《のりひで》、初春江《しょしゅんこう》、のち碎玉《さいぎょく》と号した。六歳のとき父を、一〇歳のとき母を失ったので、家来の家に育てられていたが、一三歳のとき、異母兄に当たる中村家の養子となった。一五歳のとき、砲術家高島秋帆《しゅうはん》の子の門に入り、砲術を学んだ。さらに、オランダ人より、洋式砲術を学び、二三歳のとき、高島流砲術師範に伴われて、山口の萩に赴き、長州藩士に砲術を教えた。この間、漢籍・武道、英語などを学んだ。

明治維新に際して、江戸に赴き参軍を志したが、勝海舟に諭され、静岡県の沼津に移住した。一八六九年（明治二）二九歳のとき上京し、赤松則良《のりよし》の門に入り、数学、測量学を学んだ。翌年、明治政府に出仕し、大学中得業生・大得業生・文部権中助教・文部権大録などを経て、一八七五年三五歳で、広島師範学校（広島大学教育学部の前身）の校長となった。同年、三菱商船学校（東京海洋大学の前身）主幹に転じ、一八八二年同校が官立東京商船学校となった後も引き続き、校長を務め、一八九四年五四歳までその職にあって、高等海員の養成に尽力した。また、この間、一八八〇年四〇歳のとき、日本海員掖《えき》済《さい》会の創立にも参画し、普通船員の養成にも尽力した。

著書に『代数学用法』（一八七二）、『小学幾何用法』（一八七三）、『小学対数用法』（一八七四）などがある。いずれも訳著で、最初の本は、デーヴィス原著、上・中・下・後篇の四巻に分かれ、総論と直線図形（上）、円（中）、作図と比例（下）、面積と比例（後篇）などに当てられている。証明が書かれた最初の幾何の本として知られる。後の二つとともに、当時の代表的教科書であった。

一九〇七年沼津城内の自宅で死去、享年六七歳。沼津市の蓮光寺に眠る。

①-1　県立長崎図書館前（長崎公園入口）に建つ中村六三郎の紀功碑

①-2　紀功碑のかたわらに立つ案内板　文面は下記

中村六三郎氏紀功碑

中村六三郎先生は天保十二長崎市に生まれ、明治四十年一月九日、六十七歳でなくなられた。梅事開発の先勲であります。

明治八年、現東京商船大学の前身である三菱商船学校の初代校長となり、明治十五年、官立に移行後、同二十七年までの十二年間、校長として高等海員の養成に尽くされ、また、明治十三年には日本海員掖済会の創立に参与され、普通船員の養成にも尽くされました。

この紀功碑は男爵前島密氏をはじめとする特志者により明治四十二年建設されたものです。

昭和五十七年四月

長崎市

②-1　蓮光寺の山門

②-2　蓮光寺にある中村家累代の墓と墓碑

六三郎はこの墓に眠る。かたわらの墓碑の6番目に六三郎の戒名と俗名が刻まれている。戒名は「碎玉院禅海則秀居士」。

菊池《きくち》 大麓《だいろく》

一八五五〜一九一七（安政二〜大正六）

東京都台東区谷中

西洋数学を日本に導入した科学行政家

■ゆかりの地

①谷中霊園（墓）＝東京都台東区谷中 7-5-24

■交通

① JR 山手線の「日暮里」駅下車、徒歩５分。

■メモ

①墓所番号は、「乙５号２側」。東京の大きな霊園では、前もって墓所番号を調べておかないと、見つけられない。

菊池大麓は一八五五年、津山藩（現・岡山県津山市）の江戸藩邸で生まれた。同藩の蘭学者箕作阮甫《みつくりげんぽ》は祖父、父箕作秋坪《しゅうへい》もまた蘭学者で、母は阮甫の三女にあたる。父の実家の菊池家を嗣いで、菊池姓を名乗った。学者一族の名門の出である。一八六〇年六歳で蕃書調所（東京大学の前身）に入り、蘭学・英学を学んだ。一二歳のとき幕府の命によりイギリスに二年間留学して、理化学を学んだ。一六歳で再留学してケンブリッジ大学数学科を卒業した。在学中の成績は優秀で、ロンドンの新聞に報道されるほどであったという。留学の期間は八年に及び、一八七七年二三歳のとき帰国し、その年創設された東京大学理学部の教授となった。西洋数学を導入し、藤沢利喜太郎《りきたろう》とともに数学教室を創り上げた。

帰国したこの年には、神田孝平《たかひら》、柳楢悦《ならよし》らと東京数学会社（日本数学会と日本物理学会の前身）を創設し、機関誌も創刊した。オリジナルな数学研究は残さなかったが、主著『初等幾何学教科書』（一八八八・一八八九）は、明治から大正にかけての教科書として広く中等教育で用いられた。他に、日本標準時を決定したこと、濃尾《のうび》地震後、文部省内に震災予防調査会を創設したこと、小学教科書を国定化したことなどが業績とされる。

政治的手腕にたけていて、学者というより、教育行政家として多くの役職に就き、学術行政を押し進めた。一八九〇年には貴族院議員、一八九八年東京帝国大学総長、一九〇一年には第一次桂内閣で文部大臣、そして一九〇二年男爵になった後、一九〇八年には京都帝国大学総長、一九一二年枢密《すうみつ》顧問官、一九一三年帝国学士院院長、一九一七年には理化学研究所初代所長などを務めた。一九一七年死去、享年六三歳。東京都台東区の谷中霊園に眠る。

①-1　谷中霊園にある菊池家の墓
大麓は、「菊池家累世之墓」と刻まれたこの墓に眠る。

①-2　父、箕作秋坪の墓
かたわらに個人墓としてある。

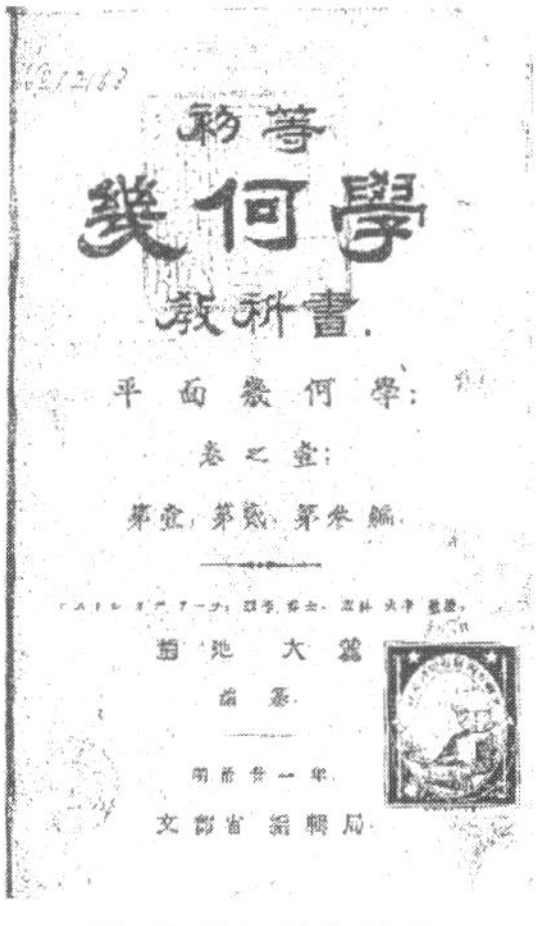

初等
幾何學
教科書
平面幾何學
巻之壹
第壹第貳第參編
菊池大麓
編纂
明治廿一年
文部省編輯局

『初等幾何学教科書』
（1888・1889）の扉

武田《たけだ》 丑太郎《うしたろう》

一八五九〜一九一七（安政六〜大正六）

徳島県徳島市城南町・佐古

地方で数学教育に情熱を傾けた教育者

■ゆかりの地

①徳島県立城南高校（記念碑）＝徳島県徳島市城南町 2-2-88
②福蔵寺（墓）＝徳島県徳島市佐古二番町 8-4

■交通

① JR「徳島」駅下車、市バスに乗車し、「城南高校前」下車、徒歩 1 分。または、JR「二軒屋」駅下車、徒歩 5 分。
② JR「徳島」駅下車、市バスに乗車し、「佐古一番町」下車、徒歩 1 分。

■メモ

①並木道に沿って高校の玄関に着くと、その脇に古い大きな石碑が立っている。
②国道筋にあって、本堂裏手の墓所も広くないので、見つけるのは容易である。

武田丑太郎は一八五九年、徳島の佐古小裏町（現・徳島市佐古二番町）に生まれた。幼児の頃より鋭敏で、他の子どもから抜きん出ていた。珠算の教授をしていた父について和算を学び、九歳の頃には父の助手となって、多くの子どもに珠算を教えた。

のち、藩校長久館《ちょうきゅうかん》に入学し、阿部有清《ありきよ》について数学を学んだ。門弟の中でも特に傑出していて、一五、六歳の頃、洋算の教授資格を与えられた。さらに、英語・ドイツ語・フランス語の三カ国語の他、漢文・漢詩などを学んだ。この頃、毎夜一二時に寝て、朝は三時に起きるという日課を続けたという。

一八七九年（明治一二）二一歳のとき、創設された県立徳島中学校（現在の県立城南高校の前身）の教師となって、数学の他、物理も教えた。一九一七年、在職中に持病で急死した。享年五九歳。校葬が行なわれ、徳島市の福蔵寺に葬られた。実に三九年間、同一中学校に勤務した。

彼は学校の名物教師として、多くの教え子から慕われた。しかし反面、厳格な教師でもあった。たとえ五年級の者でも、試験の成績が悪ければ落第させた。「手加減はよろしくない。やはり残って辛抱させるのが、身のためである。今までの経験によると落第して失望せず、奮発する者が、後日に成功している。生徒の将来を思えば、手加減は悪い。実力なき者は落第させるのがよい」、これが彼の考え方であった。ここから優秀な生徒が育っていった。数学者の林鶴一も、彼の門下のひとりである。

勤務のかたわら、各地で、通俗講演会を開いて、数学や科学思想の普及発展に努めた。『東北数学雑誌』に「円理学六龍三陽表起源及用法」（一九一二）という論文などを発表するとともに、多くの和算書を残している。二〇一五年城南高校に、武田丑太郎賞が創設された。

① -1　徳島県立城南高校の正面

正面突き当たり玄関の左手に武田丑太郎の顕彰碑がある。

① -2　徳島県立城南高校の正面玄関脇に立つ武田丑太郎の顕彰碑

文面は左記。没後 3 年の大正 9 年（1920）建立。

武田先生碑記

正三位勲四等侯爵蜂須賀正韶題額

一校ニ勤続スルコト殆ト四十年教化内外ニ洽ク学徳遠近ニ及フ我カ武田丑太郎先生の如キハ世蓋シ罕ナリ先生ハ徳島ノ人梅太郎ノ嫡男幼ニシテ和算ヲ父ニ学ヒ長シテ藩校長久館ニ入リ後阿部有清ニ就キテ数学ヲ究メ旁ラ英仏独ノ諸語ヲ学習ス明治十二年二月職ヲ徳島中学ニ奉シ数学及物理ヲ担当シ後舎監ヲ兼ヌ又三十九年十一月奏任待遇ニ進ミ従七位ニ陞敍セラレ大正六年十二月十九日没ス年五十九徳島中学同志相謀リテ葬儀ヲ校庭ニ行ヒ佐古福蔵寺ニ葬ル配戸井氏七男二女アリ長子太郎家ヲ嗣ク先生至孝至慈人ト為リ温厚廉潔篤ク学ヒ深ク省ミ手巻ヲ釈タス行自ラ道ニ合フ其ノ事ニ対スルヤ至誠ヲ以テ終始シ其ノ子弟ヲ誨フルヤ赤心ヲ以テ一貫ス平生機ヲ達シ徳ヲ成スヲ以テ楽トシ特ニ意ヲ陸海軍人ノ養成ニ注キヌ夙ニ通信教育ノ必要ヲ唱道シ公務ノ余暇痿講演会ヲ開キテ理科思想ノ普及発展ニ努ム是ヲ以テ其ノ子弟門人能ク先生ノ教訓ヲ守リ業ヲ遂ケ名ヲ成シタルモノ甚多シ其ノ功績偉大ナリト謂フヘシ惟フニ人格高学識深淵已ニ淡ク人ニ篤キ我カ武田先生ニアラスンハ丏ソ此ニ至ルヲ得ンヤ其ノ在職二十五年ニ当リ卒業生及有志等深ク此ヲ徳トシ記念トシテ大英百科全書ヲ贈リ後文部省及徳島県之ヲ褒シ帝国教育会亦表彰セシコト寔ニ宣ナリトス曩ニ有志芳名ヲ不朽ニ伝ヘント欲シ汎ク故旧門人ニ謀ル翁然トシテ事ヲ賛スル者一千人乃チ醵金ノ一部ヲ以テ碑ヲ徳島中学構内ニ建テ其ノ余ヲ奨学ノ資ニ充ツ頃日有志来リテ文ヲ余ニ求ム先生ト相識ルコト久シ因テ喜ンテ其ノ梗概ヲ敍ス

大正九年十月

陸軍大将正三位勲一等功二級男爵　上田有澤撰并書

②-1　福蔵寺にある武田家の墓

表面に「武田家之墓」、左側面に「武田忠夫建立」、右側面に「昭和五十七年九月吉日」と刻まれている。

狩野《かのう》 亨吉《こうきち》

一八六五〜一九四二（慶応一〜昭和一七）

秋田県大館市谷地町／東京都府中市多磨町

数学・科学史で業績を残した哲学者

■ゆかりの地

①大館市立中央図書館（記念碑）＝秋田県大館市字谷地町 13

②多磨霊園（墓）＝東京都府中市多磨町 4

■交通

① JR 花輪線の「東大館」駅下車、徒歩 10 分。

② JR 中央本線の「武蔵境」駅で、西武多摩川線に乗り換え、「多磨」駅下車、徒歩 10 分。

■メモ

①図書館玄関の脇に立っている。

②墓所番号は、「8 区 1 種 13 側」。東京の大きな霊園では、前もって墓所番号を調べておかないと、見つけられない。

狩野亨吉は一八六五年、現在の秋田県大館《おおだて》市に生まれた。父は久保田藩（大館支藩）の家老で、代々学者の家柄だった。一〇歳のとき父が内務省出仕となり上京したので、二年後母とともに上京した。一八七八年東京府第一中学校に入学、大学予備門を経て、一八八四年東京大学理学部に入学し、数学を専攻した。東京大学から名称を変えた帝国大学理科大学数学科を一八八八年に卒業したが、翌年には同大学哲学科に編入し、一八九一年卒業した。在学中、同じ時期に英文科にいた夏目漱石と親交を結んだ。

その後、教育者の道を歩み、第四高等学校、第五高等学校の教授を経て、一八九八年三四歳のとき、第一高等学校の校長となった。名校長の誉れが高く、一高健児の校風はこの時期確立した。一九〇六年四二歳のとき、京都帝国大学文科大学初代学長に就任し、内藤湖南《こなん》や幸田露伴《ろはん》ら民間学者を同大学に招き、帝大卒を条件とする文部省側と衝突した。一九〇七年文学博士、翌年四四歳で京都大学を辞職し、以後、市井《しせい》の人となり、書画鑑定とその売買に生活の糧を求めた。自ら古本屋と称して、古書を収集して東北大学に納めた。生活は困窮していたが、宮仕えを嫌い、同大学からの招きにも応じなかった。

数学の個別分野で顕著な業績を残したわけではないが、数学から哲学、文学へと大きな視野に立ち、数学史、科学史、自然哲学、思想史などの領域で本領を発揮した。彼が京大で講じた倫理学は、フーリエの「熱の数学理論」を倫理学に適用するユニークなものであったという。深く広い知識に基づいて、安藤昌益《しょうえき》、本多利明《としあき》、志筑忠雄《しづきただお》といった江戸時代の先駆的人物を発掘したことも彼の業績とされる。寡作で知られ、『狩野亨吉遺文集』（岩波書店、一九五八）が遺されている。一九四二年死去、享年七八歳。東京都府中市の多磨霊園に眠る。

①-1　大館市立中央図書館の正面

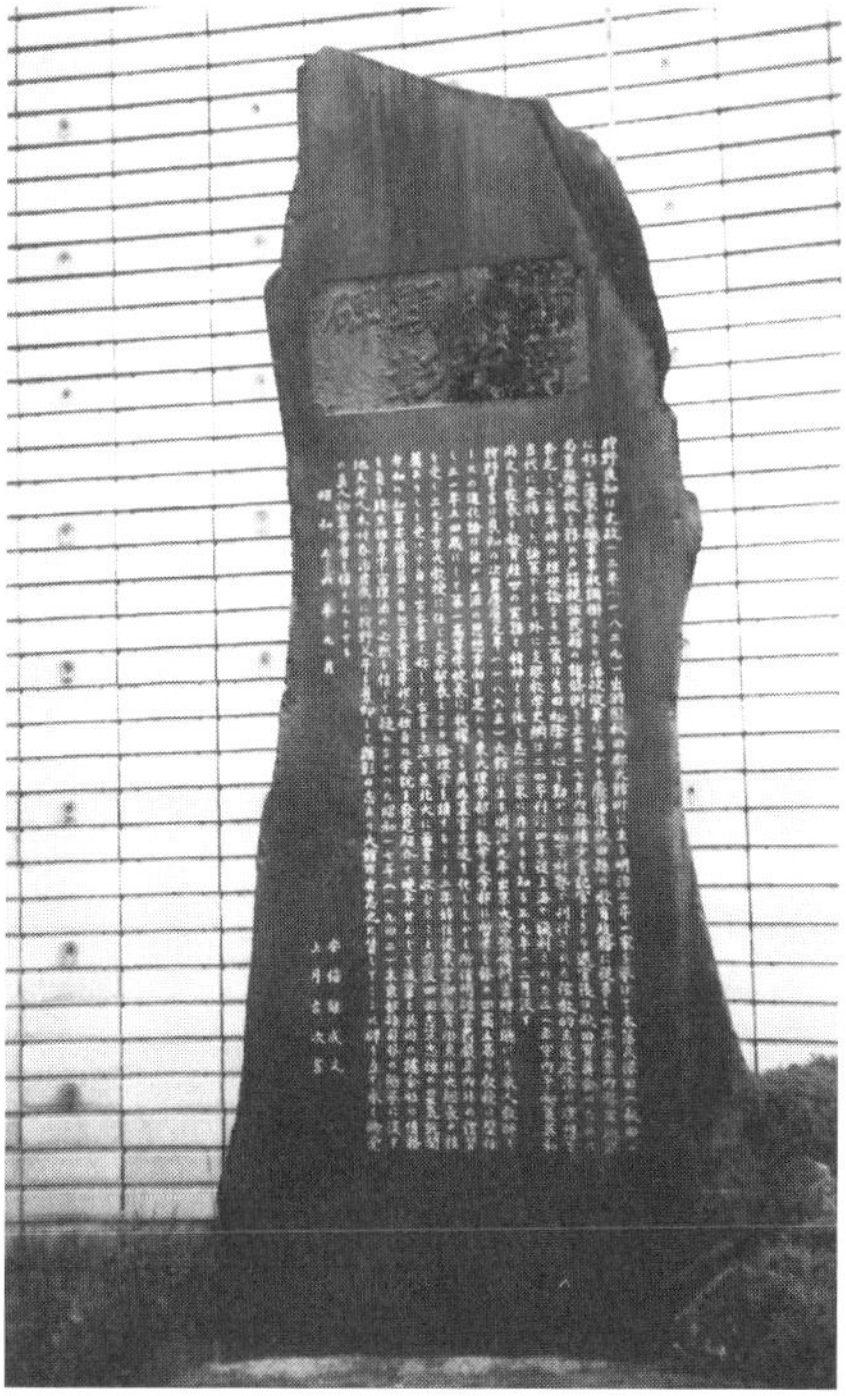

①-2　玄関脇に建つ狩野父子顕彰碑

狩野亨吉とその父良知の二人を顕彰する石碑。父は家老を務め、藩政改革にかかわった。文面は次頁。

狩野父子顕彰碑（注＝亨吉の部分のみ）

狩野亨吉は、良知の次男、慶応元年（一八六五）大館に生る。明治九年出京、大学予備門当時に聴いた米人教師モースの進化論は、彼が生涯の思想方向を定めた。東大理学部に数学、文学部に哲学を修め、四高、五高の教授を歴任し、三一年三四歳にして第一高等学校長に抜擢される。無為寡言、生徒を化し、しかも所信明確、賞罰厳正、内外の信望受く。三九年京大教授に任じ文学部長となり、倫理学を講ずること二年、辞任後東宮御教育掛、東北大総長の推薦ありしも受けず。自ら古本屋と称して古書を漁り、東北大に図書を収むること前後四回、志筑忠雄の星気説、関孝和の和算、安藤昌益の自然真営道等邦人独自の学説を発見紹介す。晩年甘んじて後輩と共同の鑢会社の債務を負う。終生独身、宇宙理法の必然を信じて疑わなかった。昭和一七年（一九四二）末東都雑司谷の柄巷に没す。地天老人木村泰治君、夙に狩野父子を景仰して顕彰の志あり、大館市の有志之に賛じて、ここに碑を立て永く郷党の真人物、真学者を伝えんとす。

昭和三六年九月

安倍能成　文

上月吉次　書

②-1　多磨霊園にある狩野家の墓と亨吉の墓
父良知の墓は、遠方からでもよくわかる。亨吉の墓は墓所に入らないとわからない。

五十嵐《いがらし》　豊吉《とよきち》

一八七二〜一九四一（明治五〜昭和一六）

宮城県仙台市青葉区小松島

仙台数学院を創設した教育者

提供／東北高校

■ゆかりの地

①東北高校（銅像）＝宮城県仙台市青葉区小松島 4-3-1

■交通

① JR「仙台」駅下車、市バスに乗車し、「東北高校前」下車、徒歩 1 分。または、JR 仙山線の「東照宮」駅下車、徒歩 10 分。

■メモ

①東北高校に玄関に向かうと、庭園のなかに大きな立像が立っていて、迎えてくれる。

五十嵐豊吉は一八七二年、現在の山形県酒田市に生まれた。彼は、代々造船業を営む名家の、四女一男の長男として生まれている。造船の設計をするには数学の知識を必要とし、一五歳のとき造船の設計書を書いたと伝えられる。

一六歳のとき、当時山形に住んでいた姉を頼って酒田から徒歩で向かう途中、山中で猛吹雪に見舞われ、数日間歩き続けた疲労も重なって、倒れてしまった。通り掛かった山伏に救助され、一命を取りとめる。この姉とともに東京に出て、一八八九年一八歳のとき東京英語学校を卒業した。翌年には錦城学校を修了した。その後東京数学院へと進み、一八九二年二一歳のとき同校を卒業した。

一八九四年二三歳のとき仙台に赴き、その弟子の上野清、大松沢実政《おおまつざわさねまさ》らとともに東京数学院の分院として、仙台数学院を開設した。上野清は当時東京数学院を経営する数学者で、仙台市長遠藤庸治《ようじ》の要請を受けて、小学校の教員のための数学講習会に講師としてしばしば仙台を訪れていた。その代行を務めていた豊吉は、地元の大松沢実政とともに数学教育のための私塾を開設したのである。

創業の苦しみの中で、次第に青少年に対する教育に情熱を燃やすようになった。知識の伝授に留まらず、イギリスの私立学校に見る人格形成を理念とする教育こそ自らの使命と自覚し、六年後の一九〇〇年には、二九歳で東北中学校を設立し、初代校長に就任した。この学校は、現在の東北高等学校へと発展してきている。仙台数学院の創設から一二〇年の歴史を刻む東北の私立伝統校である。

豊吉は「熱の人であり、意志の人であり、達意の人である」と言われた。文部省および宮城県教育会より教育功労者として表彰された。一九四一年死去、享年七〇歳。仙台市宮城野区の孝勝寺に眠る。

① -1　東北高校玄関前に立つ五十嵐豊吉の立像

私立東北中学校の正面　提供／東北高校
1894年開設された仙台数学院は、6年後の1900年私立東北中学校となった。

①-2　銅像のかたわらに立つとみ夫人の歌碑

林《はやし》 鶴一《つるいち》

一八七三～一九三五（明治六～昭和一〇）

徳島県徳島市万代町／宮城県仙台市青葉区北山

『東北数学雑誌』を創刊した最後の和算家

■ゆかりの地

①徳島県庁前敷地（母校跡）＝徳島県徳島市万代町 1-1

②北山霊園（墓）－宮城県仙台市青葉区北山 2-10-1

■交通

① JR「徳島」駅下車、市バスに乗車し、「県庁前」下車、徒歩 1 分。

② JR「仙台」駅下車、市バスに乗車し、「北山霊園前」下車、徒歩 3 分。

■メモ

①辺りは公園になっている。木立の中にある。

②北山霊園の南側の中央辺り、大聖寺の区域にある。霊園の周りにも多数の寺がある。

林鶴一は一八七三年、現在の徳島市に生まれた。父は小学校の教員だったためか、小学校を四回転校した。一八八四年旧制徳島中学校に入学し、ここで武田丑太郎の指導を受けた。卒業後は第三高等中学校に入学した。ここでは河合十太郎《じゅうたろう》の指導を受けただけでなく、その家に下宿し、図書の利用も許された。当時数学よりも歴史に興味を持っていたが、河合の影響で、大学では数学を専攻した。

一八九三年二一歳のとき帝国大学理科大学に進み、数学を専攻して、菊池大麓《だいろく》や藤沢利喜太郎《りきたろう》の指導を受けた。菊池の示唆により、和算の問題を解析幾何を使って解いた論文を発表した。後年、和算の研究に深入りするきっかけとなった。卒業とともに大学院に進み、藤沢の指導のもとに解析学を研究し、師範学校講師となった。一八九八年二六歳のとき、新設の京都帝国大学理工科大学の助教授になったが、翌年辞職して、四国の松山中学校の講師になった。二年後の一九〇一年東京高等師範学校講師に迎えられ、一九〇七年教授となった。

一九一一年三九歳のとき、東北帝国大学が開設されると、理科大学主任教授となって、理学部創設に尽力した。同年私財を投じて、わが国初の数学に関する研究雑誌『東北数学雑誌』を創刊した。これは海外からの寄稿もある国際的な数学雑誌として、わが国の数学の発展に寄与した。

その後は数学教育、数学教授法に力を注ぎ、中等学校数学教科書を多数執筆し、その数は四一種を数えた。一九一九年日本中等教育数学会（日本数学教育学会の前身）の創立に貢献した。和算の研究家としても知られ、大著『和算研究集録』全二巻（一九三七）を残している。一九三五年文部省視学委員として松江高等学校を視察中倒れ、死去した。享年六三歳。宮城県仙台市の北山霊園に眠る。

林鶴一著『和算研究集録』上下２巻（復刻版）

両巻合わせて、2100頁を超える大著。下巻には、略歴の年譜と著作年表が付いている。

②-1　北山霊園にある林家の墓　提供／林義昭氏

表面に「林家之墓」、側面に「昭和八年十一月林鶴一建立」と刻まれている。林鶴一はここに眠る。

①-1　林鶴一が卒業した旧制徳島中学校の石碑

裏面には「徳島県名東部軍富田浦町東富田十七・十八・十九番地　自明治十八年九月至昭和八年五月　昭和五十年十一月百周年記念事業として建立」と刻まれている。現在は県立城南高等学校と名称を変えて、移転している。同校玄関前には、林鶴一の師武田丑太郎の石碑が立っている。

三上《みかみ》 義夫《よしお》

一八七五〜一九五〇（明治八〜昭和二五）

広島県安芸高田市甲田町／同広島市中区中町

文化史上より日本の数学を研究

■ゆかりの地

①甲立《こうたち》小学校（記念碑）＝広島県安芸高田市甲田町上甲立433
②理窓院（記念碑）＝広島県安芸高田市甲田町上甲立7125
③広島平和大通り（記念碑）＝広島県広島市中区中町

■交通

① JR芸備線の「甲立」駅下車、徒歩20分。
②理窓院は小学校から、さらに徒歩20分。山際の中腹にある。
③ JR「広島」駅下車、市電に乗車し、「中電」下車、徒歩5分。広島平和大通り沿い、「農林中央金庫」前にある。

■メモ

①②甲田町散策のつもりで、徒歩がよいだろう。墓は同町の上石にある。
③平和大通り沿いを注意して歩くと見つけられよう。

三上義夫は一八七五年、現在の広島県安芸高田市中田町に生まれた。生家は多大の田畑・山林を有する村一番の資産家であった。地元の高等小学校を卒業した後、一八九一年一七歳のとき関東に上り、千葉県尋常中学校、国民英学会、東京数学院などに学んだ。一八九五年一時帰郷し、徴兵検査を受けたが、虚弱のために免役となった。翌年仙台の第二高等学校に入学したが、眼病のために数カ月で休学し、のち退学した。

三上が日本数学史に関心を持ち始めたのは、一八九四、五年頃であったが、実際に研究に着手したのは、一〇年のちの一九〇五年、三一歳のときであった。アメリカの数学者ハルステッドとの交信を通して、日本の伝統数学を研究する必要に目覚めさせられてのことであったという。研究の成果は菊池大麓《だいろく》に認められ、一九〇八年、帝国学士院和算史調査嘱託に任じられた。その後、一九一一年三七歳のとき、東京帝国大学文科大学哲学科選科に入学、三年後修了、さらに大学院に五年間在籍した。

一九一五年四一歳のときから、本格的に全国を遊歴して和算史の事跡を調査した。研究の成果は、主著『文化史上より見たる日本の数学』（一九二二）にまとめられている。一九三三年から一九四四年まで、東京物理学校で日本および中国の数学史を講じた。

終戦の年の一九四五年七一歳のとき、妻を亡くし、また戦災にも遭い、帰郷したが、最後に落ち着いた先は理窓院という寺の離れだった。一九四九年、東北大学より理学博士の学位を受けるが、翌一九五〇年理窓院で死去した。享年七六歳、郷里の三上家の墓所に眠る。なお、『文化史上より見たる日本の数学』は、一九九九年岩波文庫に収められた。他に『日本数学史』（一九四七）などの著作がある。

①-1　甲立小学校校庭に建つ三上義夫の記念碑

石段の上に据えられているずいぶん大きな記念碑で、中央に「我国の数学史に我等に確固たる自覚の力を賦興する」の文字が、左右に業績と略歴が刻まれている。左右の碑文は下記。

略歴

明治　八　年　二月十六日甲立村に生る
明治三十八年　和算史の研究に着手
明治四十一年　帝国学士院和算史調査嘱託大正十二年解嘱
明治四十四年　東京帝国大学哲学選科入学後同大学院に入学
昭和　四　年　国際科学史委員会委員に選ばる
昭和　八　年　東京物理学校講師後教授
昭和二十四年　東北大学より理学博士の学位を授けらる
昭和二十五年　十二月三十一日甲立町理窓院において没す

業績

英文　和漢数学発達史　ドイツより出版
英文　日本数学史　デーイ・スミスと共著　米国より出版
和算之方陣問題
文化史上より見たる日本の数学
関孝和の業績と京坂の算家並びに支那との関係及び比較
（学位論文）
関孝和の新研究
支那数学史（未刊）
日本数学史の新研究（未刊）

②-1　理窓院とそこに立つ三上義夫の石柱

「三上義夫先生終焉之地」と刻まれている。

③-1　広島平和大通り沿いにある「三上義夫博士顕彰碑」
「神測妙算學貫天人　文學博士佐伯好郎題書」と刻まれている。

高木《たかぎ》 貞治《ていじ》

一八七五〜一九六〇（明治八〜昭和三五）

岐阜県本巣市三橋／東京都府中市多磨町

高木類体論の建設

■ゆかりの地

①糸貫中学校（胸像）＝岐阜県本巣市三橋 1101-8
②糸貫老人福祉センター（記念室）＝岐阜県本巣市三橋 1101-6
③多磨霊園（墓）＝東京都府中市多磨町 4

■交通

①② JR 東海道本線の「大垣」駅より、樽見鉄道に乗り換えて、「モレラ岐阜」駅下車、徒歩 3 分。
③ JR 中央本線の「武蔵境」駅より、西武多摩川線に乗り換えて、「多磨」駅下車、徒歩 10 分。

■メモ

①②樽見鉄道は単線一両で、のどかな田園地帯、柿畑地帯を進む。生家も北西 3 km の本市数屋にある。徒歩の散策がよいだろう。
③墓所番号は、「24 区 1 種 61 側 18 番」。東京の大きな霊園では、前もって墓所番号を調べておかないと、見つけられない。

高木貞治は一八七五年、現在の岐阜県本巣市糸貫町数屋《かずや》に生まれた。生母は、貞治を宿していたときに、夫から離縁されたので、生家に戻り、貞治を生んだ。生家の兄夫婦には子どもがいなく、兄夫婦の長男として育てられた。叔父に当たる養父は、村役場の収入役を務めていた。実母も養父も貞治に、絵草子を見せたり、習字をさせたり、昔話を聞かせたりして、大切に育てた。村の子どもたちと野外で遊ぶことはあまりなかったという。四、五歳の頃、実母に伴われて寺参りをすると、帰宅した貞治は、聞いていた説教を炬燵《こたつ》のやぐらの上に座って、そっくりそのまま聞かせた。七歳のときには、『本願寺聖人御伝鈔《ごでんしょう》』を書き写し、ほとんど暗唱して、大人を驚かした。

一八八二年八歳で、地元の一色小学校に入学したが、成績は飛び抜けており、六年かかるところを三年で修了してしまったので、上等科へと進んだ。当時の新聞は、「後世頼もしき神童なり」と書き記した。その後、岐阜県尋常中学校に一二歳の最年少で入学し、卒業ののち、第三高等中学校（のちの旧制三高）を経て、一八九四年二〇歳のとき、東京帝国大学理科大学数学科に入学した。大学では、菊池大麓《だいろく》について数学の基礎を学び、三年後同大学を卒業した。翌年から三年間ドイツに留学し、ベルリン大学、ゲッチンゲン大学に学んだ。

一九〇一年二七歳のとき帰国すると、東京帝国大学助教授として、数学第三講座「代数学」を担当した。

第一次世界大戦前後の一〇年間、孤独の中で、類体論の研究に打ち込み、一九二二年四八歳のときに「高木類体論」を完成させた。著書に『代数学講義』『初等整数論講義』『解析概論』などがある。一九六〇年死去、享年八六歳。東京多磨霊園に眠る。

①-1　糸貫中学校とそこに立つ高木貞治の胸像

1979 年設置、台座裏面の文面は下記。

記

一八七五　四月二十一日一色村数屋に生まれる

一八八六　一色小学校を卒業する

一九〇四　東大教授となる

一九二〇　類体論第一論文を発表

一九二二　同第二論文を発表

一九四〇　文化勲章を授与される

一九五五　国際シンポジウム名誉議長となる

一九六〇　二月二十八日八十四年十ヵ月の生涯を終える

　　勲一等旭日大褒章を授与される

博士の創造されたいわゆる「タカキ類体論」は数学における最も巨大で秀麗な理論として永く輝き続けるものである

茲にご英姿を迎えて鑽仰のまことを捧げる

一九七九年文化の日

高木貞治博士顕彰会

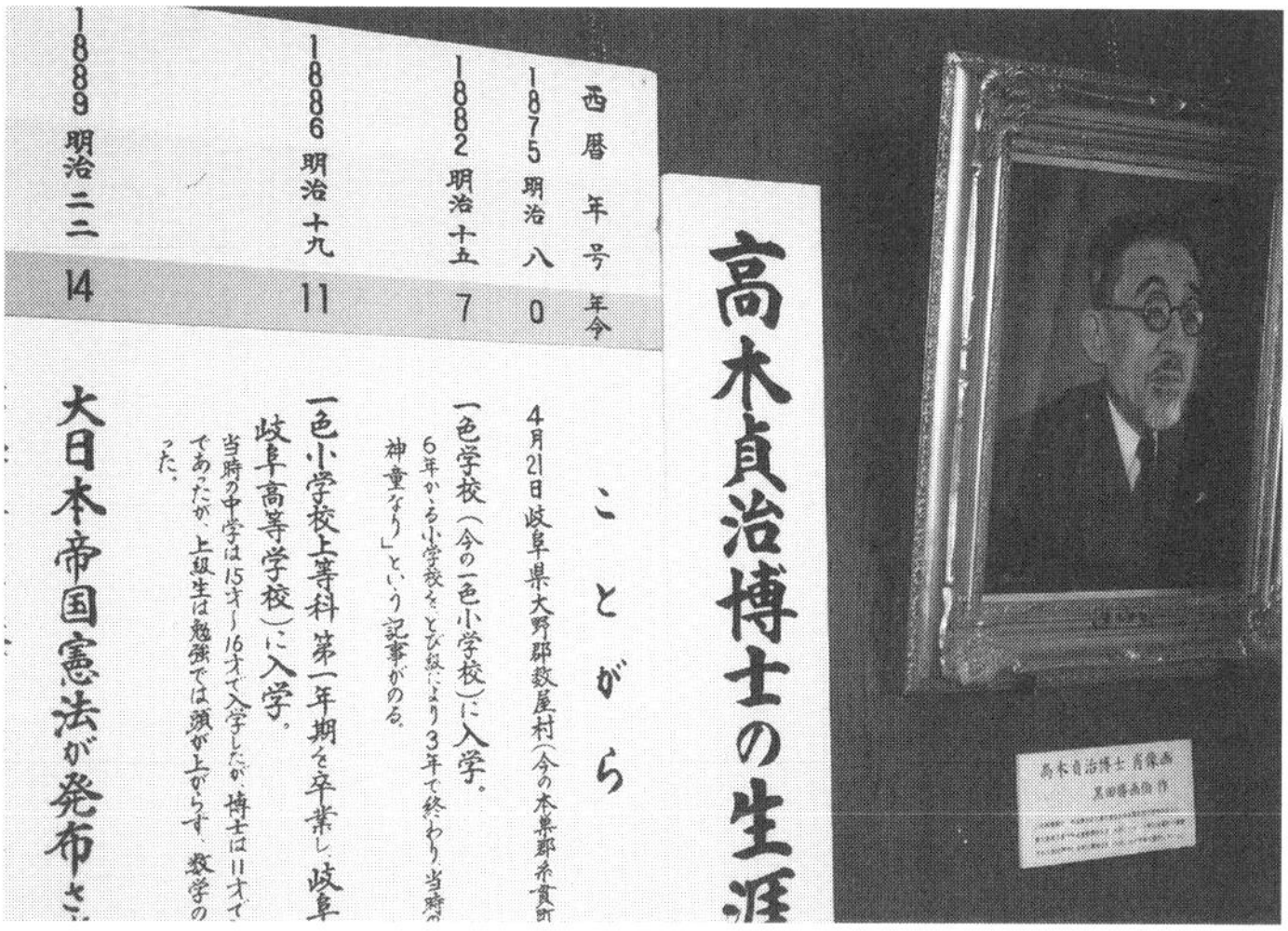

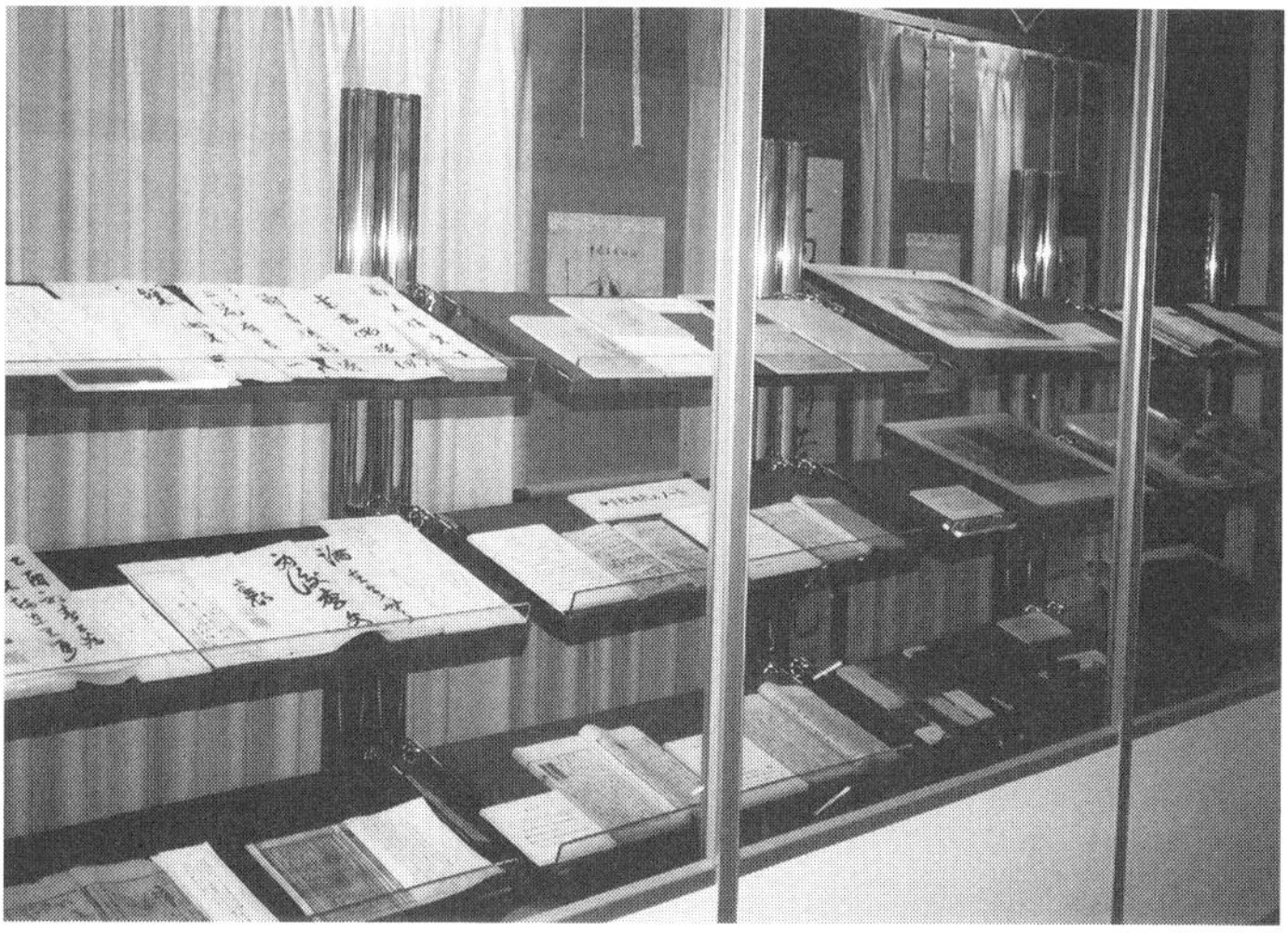

②-1　糸貫老人福祉センター内の高木貞治博士記念室の内部

ノート、写真などの資料が展示されている。見学するには、糸貫教育出張所に事前申込が必要である。

③-1　多磨霊園正門

現在8カ所ある東京都の霊園のひとつ。それぞれの霊園には多数の著名人が眠っている。名前と墓所番号、さらにはプロフィールなどを記したパンフレットや冊子も出ていて、墓碑を巡る霊園散歩の案内となる。ただ数学者となるとそれらに出ていないことが多い。高木貞治は、この霊園の24区にある「高木家之墓」に眠っている。かたわらに立つ墓誌の筆頭に「高木貞治昭和三十五年二月二十八日没行年八十四才」と刻まれている。

小倉《おぐら》　金之助《きんのすけ》

一八八五〜一九六二（明治一八〜昭和三七）

山形県酒田市中央西町・南新町

数学の社会性を明らかにした数学史家

■ゆかりの地

①善稱寺（墓）＝山形県酒田市中央西町 4-19
②日和山公園（記念碑）＝山形県酒田市南新町 1 丁目

■交通

① JR 羽越本線の「酒田」駅下車、徒歩 15 分。
②日和山公園は善稱寺から、さらに徒歩 15 分。

■メモ

①②金之助は小倉家累代墓に眠っていて、案内板もないので、案内を請わないと見つけにくい。日和山公園には多くの碑が立っているが、金之助の歌碑は公園の登り口にある。駅から墓参りをして、日和山公園へと歩くと、散策にはちょうどよい距離である。

小倉金之助は一八八五年、現在の山形県酒田市船場町の回漕問屋に生まれた。一歳のとき父が死亡し、母は生まれたばかりの妹を連れて再婚し家を出た。金之助は、血のつながりのない祖父母に育てられた。小倉家では曾祖父、祖父と二代続いて子どもに恵まれず、養子縁組をしていたからである。

小学校に上がっても、学校が嫌いであったが、一人の熱心な先生に感化され、次第に勉強好きな少年に変わった。一四歳で高等小学校を卒業すると、家業を継ぐために番頭見習いに出されるところであったが、祖父の留守を見計らい、祖母を説得して逃げるように家を出た。

鶴岡の中学校を中退し、一九〇二年一八歳のとき東京に出て、東京物理学校に入学した。その後東京大学理学部化学選科に入学したが、家業を継げという祖父の催促は続き、一九〇六年退学して帰郷した。帰郷後、彼が最終的に見い出した道は数学史研究だった。自分が病気がちであったことも考え合わせ、田舎で家業をしながらでもできそうなこと、それは数学史、それも日本の数学史の研究だった。しかし、一九一一年二七歳のとき、東北帝国大学理科大学の新設にあたり、助手の話があったのを機に、祖父の賛同も得られ、家業から身を引き、同大学の助手となった。林鶴一主宰の『東北数学雑誌』の編集に創刊からかかわった。一九一七年三三歳のときには、大阪に新設された塩見理化学研究所に移った。一九一九年三五歳のときフランスに留学し、相対性理論を研究、民主主義下の科学を感得し三年後に帰国した。

数学史研究を通して、数学の社会性を明らかにするとともに、数学の大衆化、科学的精神にもとづく数学教育に新風を吹き込んだ。主な著作は『小倉金之助著作集』全八巻（一九七三〜一九七五）に収められている。一九六二年死去した。享年七八歳。酒田市の善稱寺に眠る。

①-1　善稱寺に眠る小倉金之助の墓

表面に「小倉家累代之墓」と刻まれている。

『小倉金之助著作集』全８巻

大きな影響を及ぼした「階級社会の算術」は第１巻に、回想記は第７巻に収められている。

②-1　日和山公園に立つ小倉金之助の歌碑　提供／酒田市役所

「山王の祭りも　近きふるさとの　五月若葉の　かぐわしきかな　金之助」と刻まれている。手前の案内板には略歴が記されている。文面は下記。

小倉　金之助

明治十八年（一八八五）酒田市に生れる。明治三十八年東京物理学校を卒業し同三十八年東京帝国大学選科に進み、同四十四年東北帝国大学の助手　大正五年、理学博士となり、大阪塩見理化学研究所長。東京物理学校理事長、日本科学史学会会長を歴任、数学教育、数学史等でわが国の学界に新風を吹き込んだ。

細川《ほそかわ》 藤右衛門《とうえもん》

一八九六〜一九四五（明治二九〜昭和二〇）

高知県南国市緑ケ丘・十市《とおち》

波動幾何学を研究した数学者

提供／故・細川藤次氏

■ゆかりの地

①十市小学校（記念碑）＝高知県南国市緑ケ丘１丁目 2001
②細川家の墓所（墓）＝高知県南国市十市

■交通

① JR「高知」駅下車。はりまや橋より、土佐電鉄バス、パークタウン線で、「緑ケ丘２丁目」下車。徒歩３分。
②墓は小学校から徒歩 30 分。

■メモ

①②記念碑は学校の玄関前にあるので、わかりやすい。墓は旧宅近くにある

細川藤右衛門は一八九六年、現在の高知県南国市十市《とおち》に生まれた。旧姓土居、十市村尋常小学校、同高等小学校を経て、一九一七年二二歳で高知県師範学校を卒業した。卒業後は須崎高等小学校、越知尋常高等小学校などの訓導を勤めた。一九二三年細川喜久猪と結婚し、細川姓を名乗った。一九二五年三〇歳のとき、さらに学問研究を志し、東北帝国大学理学部数学科に入学した。卒業後は、第九臨時教員養成所講師嘱託、北海道帝国大学理学部講師嘱託などを経て、広島高等学校教授となった。一九三九年四四歳のとき、波動幾何学の研究で理学博士の学位を受けた。論文名は「微視的及び巨視的空間に於ける幾何学の基礎に就いて」であった。五年後の一九四四年四九歳のとき、広島文理科大学教授となり、新設の理論物理学研究所主任を務めた。この研究所は波動幾何学研究を目的に設立されたものであった。

性格は豪快で、非常な勉強家であった。数学の専門書をボロボロになるまで精読し、夜寝床につくときは枕元にいつも紙と赤、青のインクを用意し、何か思いつくと起き上がってペンを走らせた。夫人の内助の功も大きい。何かの本が急に必要になってその本が自宅にないとき、夫人は深夜でも大学の研究室に取りに走った。絶版本であれば、夫人が全頁を筆写した。藤右衛門が研究中は家の中はしんとし、子どもにこうするものだと諭したという。しかし、研究を離れると、子ども相手に無邪気に遊んだ。数学の他に、相撲、テニス、講談、浪花節、芝居、浄瑠璃など幅広い趣味人であった。風船爆弾を設計した数学者でもある。

一九四五年八月六日、広島原爆により理論物理学研究所は倒壊し、圧死した。享年五〇歳。十市阿戸の細川家の墓所に眠る。著書に『射影幾何学』（岩波書店、一九四三）がある。

①-1　十市小学校にある記念碑

上部に浮彫彫像があり、その下部に座右銘「不断の努力は天才を凌ぐ　毎日三時間の勉強」が刻まれている。

②-1　細川家の墓

阿戸の旧宅近くにある。一族の墓はひとつに寄せられ、それを取り囲むように個人の墓石が置かれている。「かたわらの墓誌」の筆頭に、「大學院理博道智居士　従四位高等官二等授与理学博士　昭和二十年八月六日寂　藤右エ門喜久猪ノ夫行年五十歳」と刻まれている。

②-2　細川藤右衛門の墓石

表面に「理學博士正五位勲六等　細川藤右エ門の墓」と刻まれている。側面に年譜と業績が刻まれているが、隣の墓石と接近しているので、読めない。

岡《おか》 潔《きよし》

一九〇一～一九七八（明治三四～昭和五三）

和歌山県橋本市柱本・御幸辻／奈良県奈良市白毫寺町

多変数複素関数論の創設

■ゆかりの地

①紀見峠（生誕の地、記念碑）＝和歌山県橋本市柱本
②橋本市郷土資料館（展示）＝和歌山県橋本市御幸辻 786
③寺山霊苑（墓）＝奈良県奈良市白毫寺町 984-3

■交通

①南海電鉄高野線の「紀見峠」駅下車、急な山道を登ること約 50 分。
②南海電鉄高野線の「御幸辻」駅下車、徒歩 10 分。閑静な杉村公園内にある。
③ JR「奈良」駅下車、市営バス「高畑団地前」下車、徒歩 10 分。白毫寺の裏手にある。

■メモ

①紀見峠は高野山街道の宿場町で、現在 20 戸ほどの民家がある。散策するのもよい。
③寺山霊苑も奈良公園内の春日大社、新薬師寺などを巡り、白毫寺を目指して歩いてみるのもよい。
他に、橋本市役所前にも顕彰碑が建てられている。

岡潔は一九〇一年、大阪市東区田島町（現在の大満橋の近く）に生まれた。郷里は大阪府と和歌山県の県境にある紀見《きみ》峠で、岡家は代々旅籠屋と庄屋をしていた。父は予備役陸軍少尉で、大阪に赴任していたときに潔が生まれたのである。四歳のとき帰郷、以後村長、県会議員を務めた祖父の薫陶《くんとう》を受ける。小学校の頃には写生や昆虫採集に親しみ、「発見の鋭い喜び」を知った。中学校の入試に失敗し、高等小学校に入学したが、ここで、『水滸伝《すいこでん》』『西遊記』『太閤紀』などを乱読し「本を読む力が非常についた」という。第三高等学校を経て、一九二五年二五歳で京都帝国大学理学部数学科を卒業、同大学講師に就任した。一九二九年助教授、一九三二年には広島文理科大学助教授として転出した。この間一九二九年より三年間フランスに留学し、生涯の研究課題を多変数複素関数論の分野に定めた。

精神を病んで一九四〇年広島文理科大学を退職し、帰郷した。田畑を売り、一〇年間の不遇な生活を送るが、研究を忘れることはなかった。見兼ねた同郷同窓の秋月康夫の世話により、一九四九年奈良女子大学に教授として赴任することができた。

生涯に一〇篇の論文（一九三六～一九六二）を書いた。そのすべてが「珠玉の傑作」といわれている。上空移行の原理を発見し、多変数複素関数論の課題を解決したという。しかし、日本ではあまり評価されず、外国の数学者がきわめて高く評価したことから注目され、一九六〇年文化勲章受章、翌年には橋本市名誉市民となった。文化勲章受章の頃から随筆や講演などを通じて、日本の文化と教育の問題についての発言が多くなった。著書に『春宵十話』などの随筆集、『岡潔集』全五巻など。奇行が多く、「数学者は奇人」という伝説を地でいった人物でもある。一九七八年死去、享年七八歳。奈良市寺山霊苑に眠る。

① -1　紀見峠の街道筋

紀見峠は高野山街道の宿場町で、現在 20 戸ほどの民家がある。

①-2　紀見峠に残る岡潔生誕の地

背後に見えるのは倉、その前には1本の梅の木があり、小さな石碑が置かれている。

①-4　倉の前に立つ石碑

「誕生の地　孤高の人に　梅薫る　弘子」と夫人の歌が刻まれている。

①-3　紀見峠に立つ「岡潔生誕の地」石柱

②-1　橋本市郷土資料館の正面と館内の岡潔の展示

岡潔の多くの資料は奈良女子大学図書館に寄贈され、こちらにも資料展示されている。同館のホームページでも閲覧できる。

③-1 寺山霊苑とそこにある岡家の墓

岡潔はこの岡家の墓に眠る。墓石の表面に「岡家先祖代々霊位」、右側面に「春なれや　石の上にも　春の風　石風」と刻まれている。右側にある墓標の最初に「春雨院梅花石風居士　昭和五十三年三月一日　俗名潔行年七十八歳」と刻まれている。

桂田《かつらだ》 芳枝《よしえ》

一九一一～一九八〇（明治四四～昭和五五）

北海道札幌市中央区南六条

数学で日本女性初の理学博士

■ゆかりの地

①レストラン「櫻月 SAKURA MOON」（旧居）＝札幌市中央区南6条西26丁目2-12

■交通

① JR「札幌」駅下車、市電に乗車し、「円山公園」下車、徒歩5分。

■メモ

①「櫻月 SAKURA MOON」は、桂田芳枝の旧居を改装してレストランにしたもの。その後、このレストランは閉店し、解体されている。

桂田芳枝は一九一一年北海道余市郡赤井川村に生まれた。父は小学校の教員で、二男四女の四女として生まれた。小学校の頃は、自然が好きで、野山で遊び回っていた。数学が好きで、小樽高等女学校へと進むとその向学心はますます強まった。一九二九年一九歳で、同校を卒業後、自宅で家事手伝いをしていたが、もっと高度な数学を勉強したかった。しかし女子が正規入学できる高等教育機関はなかったので、聴講生なら女子でも受け入れてくれる東京物理学校に入学し、一九三一年から三年間同校に通った。

一九三〇年地元の北海道帝国大学に理学部が開設されていたが、東京物理学校の聴講生では受験資格がない。受験資格を得るひとつの方法は、中等教員検定試験に合格することである。

一九三三年検定試験を受験するも、結果は不合格であった。彼女はあがり症で、力を十分発揮できなかった。三年後の一九三六年に二度目、その翌年に三度目の挑戦をするが、結果はいずれも不合格であった。この年、東京女子大学が、数学科教員無資格認定の学校として認定されたので、この学校に入学した。入学二年目の一九三九年、四度目の検定試験に挑戦したところ、合格した。ほどなくこの学校を退学し、北海道帝国大学を受験し、三〇歳で正規学生として入学することができた。

卒業後は、助手として大学に残り、微分幾何学の研究を続け、一九五〇年四〇歳のとき、「高次空間の非ホロノム系について」で、理学博士の学位を取得した。数学における日本女性初の理学博士の誕生であった。この年助教授に昇進、以後、イタリアやスイスなどに出張し、国際交流を深め、研究を発展させた。一九六七年五七歳で教授。旧帝大初の女性教授となった。生涯に四一篇の研究論文を残した。一九八〇年死去、独身、享年七〇歳。

①-1　桂田芳枝の旧居の外観と建物入口　提供／山田大隆氏
レストラン「櫻月SAKURA MOON」となっている。

谷山《たにやま》豊《ゆたか》

一九二七〜一九五八（昭和二〜昭和三三）

埼玉県加須《かぞ》市騎西《きさい》

フェルマーの大定理を証明する「谷山・志村予想」を出した数学者

■ゆかりの地

①善応寺（墓）＝埼玉県加須市騎西 1156

■交通

① JR 高崎線の「鴻巣」駅下車、加須行の朝日バスに乗車、20 分ほどの乗車の後「役場前」下車、徒歩 1 分。

■メモ

①善応寺の墓所には「谷山家の墓」が 7 つ以上ある。谷山豊が眠る墓石に、「理顕明豊居士」と刻まれているのが目印。

谷山豊は一九二七年、現在の埼玉県加須市騎西《かぞきさい》に八人兄弟姉妹の第六子として生まれた。父は医師をしていた。トヨと名づけられたが、周囲の人がユタカと呼ぶので、本人もそう名乗るようになったという。

一九三二年、幼稚園に入園するも、人間関係がうまく築けず、すぐに退園した。その後、騎西尋常小学校から旧制不動岡中学校、旧制浦和高校へと進んだが、中学校時代から体が弱く、学校を休みがちであった。高校では入院手術による休学、自宅療養などのために、五年かかって、一九五〇年二四歳で卒業した。二年遅れてでも卒業できたのは、試験の成績が優秀であったからであった。この頃、高木貞治の『近世数学史談』を読み、数学を志した。同年、東京大学理学部数学科に入学し、数学の研究に打ち込むことになる。在学中は概して健康を取り戻していた。

一九五三年二七歳のとき東京大学を卒業し、新数学人集団結成に尽力した。翌一九五四年同大学理学部助数学科の助手となった。この頃、研究した内容を英語論文に次々とまとめ発表している。一九五五年に三編、一九五六年に三編、一九五七年に一編、一九五八年に一編などである。

一九五八年三二歳のとき、助教授となり、合わせて大学院数物系研究科数学課程を担当した。しかしこの年の一一月、池袋のアパートで死去した。婚約が決まり、プリンストン研究所からの招聘《しょうへい》を受けて間もないガス自殺だった。享年三二歳、郷里で葬儀が行なわれ、善応寺に葬られた。

研究業績として、アーベル多様体の高次元化、虚数乗法論、谷山・志村予想などがある。最後のものは、有理数体上のすべての楕円曲線はモジュラー形式であるという予想である。この予想が基礎になって、一九九四年ワイルズによって、三五〇年来の大問題だったフェルマーの大定理が証明された。

①-1　善応寺の山門

①-2　善応寺にある谷山家の墓所

右端にあるのがの谷山豊の墓。

①-3　善応寺に眠る谷山豊の墓

表面右側の「理顕明豊居士」とあるのが、豊の戒名。左側の「美真楓節大姉」とあるのは、後追い自殺をした婚約者鈴木美佐子の戒名。2人は同じ墓に入っている。

日本数学者

紀行エッセー

（付　追悼エッセー）

関《せき》 孝和《たかかず》

（一六四二?～一七〇八）

群馬県藤岡市藤岡／東京都新宿区弁天町

関流和算の開祖 ― 円理法（積分法）の開拓 ―

藤岡市　市民ホール

新宿区弁天町　浄輪寺

日本の数学者を江戸時代から一人挙げるとするならば、誰もが関孝和を挙げるのではないだろうか。数学や日本史の教科書にも彼の名前は載っているので、知名度でも群を抜いている。積分法を和算の方法で打ち立てた業績はニュートンやライプニッツのそれに匹敵するともいわれる。

出身の地は群馬県藤岡市である。ここには彼を顕彰する銅像や記念碑があるので、この目で確かめたいと思っていた。上野駅からJR線で藤岡市に向かった。高崎駅で乗り換えて二時間ほどで群馬藤岡駅に降り立った。

算聖之碑

銅像や記念碑があるのは、駅の南西一キロほどのところにある市民ホールの一画で、徒歩で一五分程度の道のりである。道順を確かめるのと、この町で孝和がどれだけ人々の間に根を降ろしているかを知るために、孝和の銅像と記念碑の所在を何人かの道行く人に尋ねると、皆「せきこうわ」と親しく呼んで教えてくれた。

市民ホール前は広場になっていて、さらに中央公園が続いていた。銅像と記念碑はこの境目の位置に、石を積み上げた壇上にあった。銅像は座像でややうつむきかげんに見下ろしている。六メートルもある大きな記念碑は「算聖之碑」というにふさわしい。全体がきちんと整備され、かたわらにはいわれを記した石碑が立っている。

その記述によれば、この「算聖之碑」は一九二九年（昭和四）、この地の芦田城趾内に立てられたが、藤岡ライオンズクラブから孝和の座像の寄贈を受けたのを機に、没後二五〇年祭が行なわれた一九八八年（昭和六三）、この地に移したとある。

独創で数学の奥義

算聖と仰がれ、このような銅像や記念碑が建てられる関孝和とはいったいどのような人物なのだろうか。こんなふうにいっても、その生涯の詳しいことはわかっていない。生まれた年については、一六三七年（寛永一四）という説と一六四二年（寛永一九）という説がある。生まれたところについても、藤岡で生まれたという説と江戸で生まれたという説がある。父は藤岡城主芦田氏の家臣内山永明であったから、武士の出である。次男であったので、芦田氏の家臣関五郎左衛門の養子となり、関の姓を名乗ることとなる。名前は通称新助、自由亭と号した。はじめ甲府の大名徳川綱重《つなしげ》、綱豊《つなとよ》に仕え、勘定吟味役に就いた。一七〇四年（宝永元）、江戸に出て五代将軍綱吉に仕え、御納戸役組頭、さらには小普請役になったという。その後、孝和は一七〇八年（宝永五）に亡くなり、江戸の浄輪寺《じょうりん》に葬られた。一六四二年生まれとするなら、六七年の生涯だった。

孝和は御用学者として計算を必要とする役職をこなしながら、和算の研究を深め驚くほど大きな成果を上げた。関流和算の開祖といわれている。

幼い頃から、「天性聡明」で、六歳のときに数理の誤りを指摘したと伝えられる。高原吉種に師事したといわれるが、ほとんど独創で数学の奥義を究めた。

たとえば、文字係数の代数式を筆算で表せるようにした筆算式代数学（点鼠術）をはじめ、方程式の判別式やその近似解法を案出した。行列式まで展開している。また、円や正多角形などの平面図形の面積、あるいは球などの立体の体積を求める方法（円理法）を発見した。それは積分法に近いものであった。

著書は二〇種余りあって、『規矩要明算法』『発微算法』などの数学書の他、『授時暦立経成』など天文・暦学書もある。

藤岡市の墓

孝和の墓は、ここ藤岡市の光徳寺にもある。一九五八年（昭和三三）、光徳寺の住職が東京の墓の土を持って帰り、その寺に新しい孝和の墓を建てた。光徳寺は藤岡の領主の菩提寺で関家の墓ももともとここにあったという。

せっかく来たのであるから、孝和の墓をお参りしておかなければならない。地図で確かめると光徳寺はそんなに遠いところではない。直線距離なら市民ホールから一キロほどである。

市民ホールから歩き始めると、次第に殺風景な景色に変わっていった。民家が点在し、車道にも車が余り走っていない。道に迷って庚申山《こうしんやま》公園の方へと行き過ぎたので、思わぬ時間がかかってしまった。

光徳寺は藤岡トンネルの近くにあった。

境内入口には「算聖関孝和先生墓所入口」と記した大きな石柱が立っている。本堂の左から裏手に回ると丘が続いていて墓所になっている。その丘を登り切った辺りに、「算聖関孝和の墓」と記した案内板が出ているので、すぐに見つけることができた。ずいぶん立派な墓で、生涯と業績を記した墓誌も立っていた。大矢真一の『日本科学史散歩』（一九七四）には、「墓には木の仮の墓標が立てられているだけで、書かれた墨の文字も、今ではほとんど読めない」などと書かれているが、訪れてみると、黒光りする大きな墓が立てられていた。墓誌によると一九八三年（昭和五八年）に立てられたとある。

大矢真一は続けて「藤岡市民が郷土の偉人にどれだけ無関心なのか、そんなことがわかるような気がした」と書いているが、今では立派な墓に生まれ変わり、市民ホール前には、「算聖之碑」に並んで胸像も立って、人々の間に孝和は浸透してきていると私には感じられた。

東京の墓

しばらくしたある日のこと、私は、関孝和の東京の墓に詣でた。孝和が眠る浄輪寺は弁天町にある。地下鉄東西線の早稲田駅で下車し、しばらく東に歩いてから外苑東通りを南に歩いた。一〇分ほどで浄輪寺の入口に着いた。「都史跡関孝和墓」と刻んだ大きな標柱が立っていた。そこからなだらかな坂道を登ると境内に着き、裏手に回ると墓所があった。案内板が立っているので、孝和の墓はすぐに見つかった。中央に舟型をした墓石があるが、古いので刻まれた墓誌は読み取れない。その右側に「関先生之墓」と深く刻んだ新しい墓石のようなものがあるが、これは案内標石といってよいだろう。左側には詳しい案内板が立てられていた。

西洋数学との違い

算聖と謳われ、関流算学の開祖として広く知られる関孝和はその出身の地藤岡市においても、また墓のある東京都においても、十分顕彰されていることがわかった。

関孝和は、確かに西洋のニュートンやライプニッツに匹敵するような高等数学を和算で成し遂げたといえようが、西洋数学とは根本的に異なるところもある。それは、西洋数学においては、極限の概念をもち、基本的な一般法則の確立を目指していたのに対して、日本の和算では、例え高度な計算を行なってはいても、特殊な例の計算術であったということだ。極限の概念はなく、普遍法則を追求していたのではない。

そのことを差し引いても、関孝和の業績が損なわれることはないし、日本人として誇りにしてよいであろう。和算という日本独自の表記法で、庶民層までが高度な計算を行ない得たのも関孝和という人物の存在がいたことも大きい。

（二〇〇五年五月）

三上《みかみ》　義夫《よしお》

（一八七五〜一九五〇）

広島県安芸高田市甲田町

破れ蒲団《ふとん》に身をつつんで　―　文化史上より見たる日本の数学　―

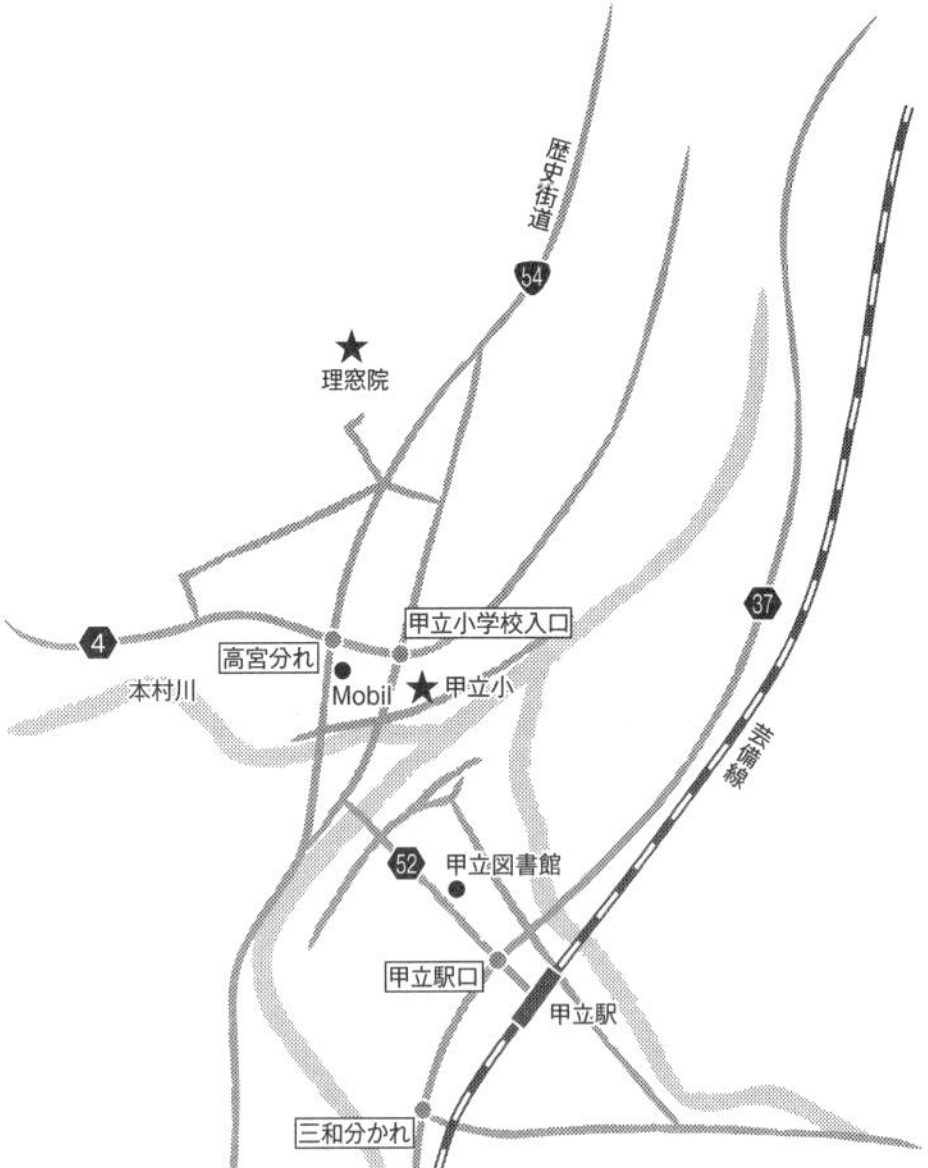

安芸高田市　甲立小学校と理窓院

一九五〇年（昭和二五）一二月三一日、まさにその年が暮れようとする大晦日の日、広島県甲立村《こうたち》（現・安芸高田市甲田町）の村はずれにある理窓院という寺の一室で、ひとりの老人がひっそりと息をひきとった。七六年の生涯だった。

その老人は、その五年前に妻を亡くし、はたまた戦災で家を失ったので、東京からひとり郷里に引き揚げてきていたのだ。老人には子どもがいなかったのだ。老人の生家は村一番の財産家であったが、今さら生家にもどってきても、快く受け入れなかったというのも当然だろう。老人は、二、三の友人・知人の住居を転々としたあと、落ち着いた先が理窓院であった。

老人の名は、いくつかの著作、なかでも英文で出した二冊の著作で、海外でよく知られていた。東京では、郷里の田畑からあがる小作料からの仕送りを主な収入源として生活をしていた。「東京の旦那」が帰ってきても、その業績を理解できる人は少なかった。それどころか、村人は老人を変人視したが、老人はいたって気にすることもなく、電灯や炬燵《こたつ》もないところで、破れ蒲団《ふとん》に身をつつんで、なおも研究に余念がなかった。死の一年前には中風《ちゅうふう》を患い、何かにつけ不自由な生活をしていた。その老人の名は三上義夫、わが国数学史研究の先駆者である。

文化史的立場から

三上義夫といえば、誰もが主著『文化史上より見たる日本の数学』（一九二二）を思い起こすのではないだろうか。復刻版が出ているので、読んだ人も多いに違いない。彼がこの著作で目指したのは、その書名が示すように文化史上より日本の数学を見るということであった。緒論で、「もし数学者の立場で和算を見るならば、如何なる問題、如何なる方法、得た結果等が如何なる時代に如何に変遷したかの由来を明らかにし、これを現今の数学と比較して優劣を定め、もしくは西洋の数学史上の事実に対比する等のことをするだけで満足されるのか知れない」が、「我等にとってはこれは目的ではなく、手段なのである。どうしても文化史的立場の上から広い眼界の下に見て行って、社会状態、国民性、ないし文化一般の発達上に如何なる関係を有するかを見定めなければならぬに」と述べている。

復刻版の扉には、三上が卒業した甲立小学校校庭に建てられている彼の記念碑の写真が掲載されている。これを見て、機会を見て彼の郷里を訪ねてみたいと思っていた。甲立という地名を調べると、芸備《げいび》線で広島から九番目にこの名の駅もあった。だいぶん北のほうへ入ったところで、あと一駅で三次《みよし》市である。

甲立小学校へ

ある日のこと広島駅から芸備線に乗った。急行が一日四便ほど出ていて、たまたま往路は乗り合わせたが、さして速いというわけではない。単線のローカル線は、山間を分け入るように走った。

甲立駅で降り立ち、駅前の道路をそのまま歩くと、川にさしかかる。橋を渡ると突き当たりにある小高い山が五龍城址で史跡となっている。右手に曲がると土手に沿って甲立小学校があった。校庭に沿ってぐるりと歩いてみたが、記念碑らしいものはなかったので、職員室を訪ねてみた。職員室には今年赴任してきたばかりという若い女の先生が一人いるだけであった。三上義夫の碑のことを尋ねると、しばらく考えてから、「たぶんあれでしょう」と、窓越しに指差した。ちょうど校庭の入口辺りで、いま通ってきたところの背後にあったので気付かなかったようだ。「あと五分ほどで授業が終わります」とその先生は言った。待っていると校長先生が現れて対応してくださった。「三上さんのことは、知る人はよく知っているのですが、地域の人にあまねく知られているわけではないです。今年は没後五〇年に当たり、記念事業の計画が町で進められています」などと言われた。そして、三上が生まれた家のこと、息を引き取った理窓院のことなど話してくれた。

帰りぎわに、私はその記念碑に前に立った。数段の石段を積んだ上に記念碑が置かれていた。中央には「我国の数学史に我等に確固たる自覚の力を賦興する」と刻まれ、右側には略歴が左側には業績が刻まれていた。

終焉の地、理窓院へ

いつしか雨が降り出していた。しかし理窓院だけは訪ねておきたいと思った。その小学校から旧道を抜けると国道バイパスに出る。そこからしばらく歩くと山際の高台に理窓院はあった。向こうには田畑とその中に点在する民家が見える。住職に尋ねると、三上さんがここで亡くなったこと、墓はここにないが、記念碑が建てられていることなどを話してくれ、記念碑のところまで案内してくれた。見ると、山門の脇に「三上義夫先生終焉の地」と刻まれた石柱が立っていた。理窓院と刻まれた大きな置石の背後にあったので、一層小さく見えた。理窓院は民家からは離れたところにあるので、三上はほとんど人と会うこともなく悠々生活したのであろう。「墓は近くの上石にあります。安国の墓といえば、土地の人なら誰でも知っています」と教えてくれたが、雨は止む気配もないので、見送ってしまった。駅にもどる途中に町役場も見えたが、ここも訪ねることを見送ってしまった。

孤立孤高の人柄

しかし気になったので、帰宅してから町役場に手紙を書くと、多くの資料のコピーが送られてきた。そのなかで、死の翌年の一九五一年発行の広島県算数教育会の機関誌『算数』第四巻第二号は三上の特集が組まれ、小倉金之助など当時の著名人や地元の人たちが手記を寄せていた。三上の人柄を伝えるものを次に引いてみよう。

○三上さんは熱烈でいわゆる直情怪行―心のままを包まず自分の思う通りのことを行なった人である。どんな先輩でも友人でも気にくわぬことがあると、痛撃して仮借するというところがなかった。自負心があくまで強く、孤立孤高、人と協同して研究をすすめていくといった風がなかったので、長い間には大抵の人がはなれてしまった（小倉金之助）。
○その風貌はなにか江戸時代の儒者を思わせるものがあった。精神的貴族ともいうべき人で、庶民的なところがあまりに少なかった（小倉金之助）。
○淡々として高僧の如く、哲人の如き先生であった（平山　諦）。
○端正なしかも枯れきった風貌（大矢真一）。
○学問の鬼、赤ん坊のような純真な人、一切の世渡りのテクニックに無関心な人（竹野兵一郎）。
○偏屈なパラノイア的な人間、あるいは猜疑的な幾分脅迫観念にとらわれているのではないかと思われるような性格、ギリシャの哲人の如き様、何かに憑かれたもののように前屈みになって急いで歩いておられた。冬にも足袋をはかず単衣で歩かれていた（足利玄郎）。
○何事も自分の納得のいかぬことについては誰が何といっても妥協されることはなく、そのために他人の感情、面目などは問題にされない（山下鉄夫）。
○直情怪行、世情にうとく生活態度のなかに常識では理解に苦しむ奇行もあった（三上義夫博士顕彰会）。

もうひとつ、広島県史学研究会の機関誌『史学研究』第四三号には、三上の遺稿「わが歴史の研究」が載っている。それによると、「私は去る二月十七日夜から歩行不自由になり中風の気味で困却している」とあり、冒頭、幼少年期のことを回想している。小学校のころ、「私は虚弱で級友とふざける事などは困難であった。一人で遊び自然を観察する事など慣れる事になった。私はその頃から二重性格であったのが、私には非常に不利であった。しかし一方にはそのために、学問上の事などに精励する事も可能だったのだろう」と述べている。成人してからも、「私は眼疾のため（仙台第二高校を）退学、数年間は療養に過ごした」とある。三上は若い頃病弱だった。それが数学史研究へと向かわしめたのだ。

先人未踏の領域を開拓

三上が英文で出した著書は、『和漢数学史』（一九一三）と『日本数学史』（共著、一九一四）である。先に述べた和文の主著『文化史上より見たる日本の数学』（一九二二）の他、合計九つの著作と三〇〇編の論文、数千枚にわたる遺稿を残したというが、まだ彼の著作集が出ていない。しかし、とりあえず主著『文化史上より見たる日本の数学』が本年（一九九九）四月岩波文庫に収められ、多くの読者の眼に触れることになったのは嬉しいことだ。生誕の地でもイベントが催されることになり、三上の業績が広く知られる気運が高まっている。

数学史、しかも日本の数学史の研究などマイナーな存在であるが、今日なら教養書から専門書までいくつもの著作が出ている。しかし、二〇世紀の初めのころには、遠藤利貞（一八四三～一九一五）や林鶴一（一八七三～一九三五）などがいたくらいである。三上はそれこそ身を削る思いで先人未踏の領域を開拓したのであろう。三上のような個性的先人がいたことを忘れないでいたい。

（一九九九年一一月）

小倉《おぐら》　金之助《きんのすけ》（一八八五～一九六二）

山形県酒田市

自ら学びとる方法の体得 ― 数学の社会性 ―

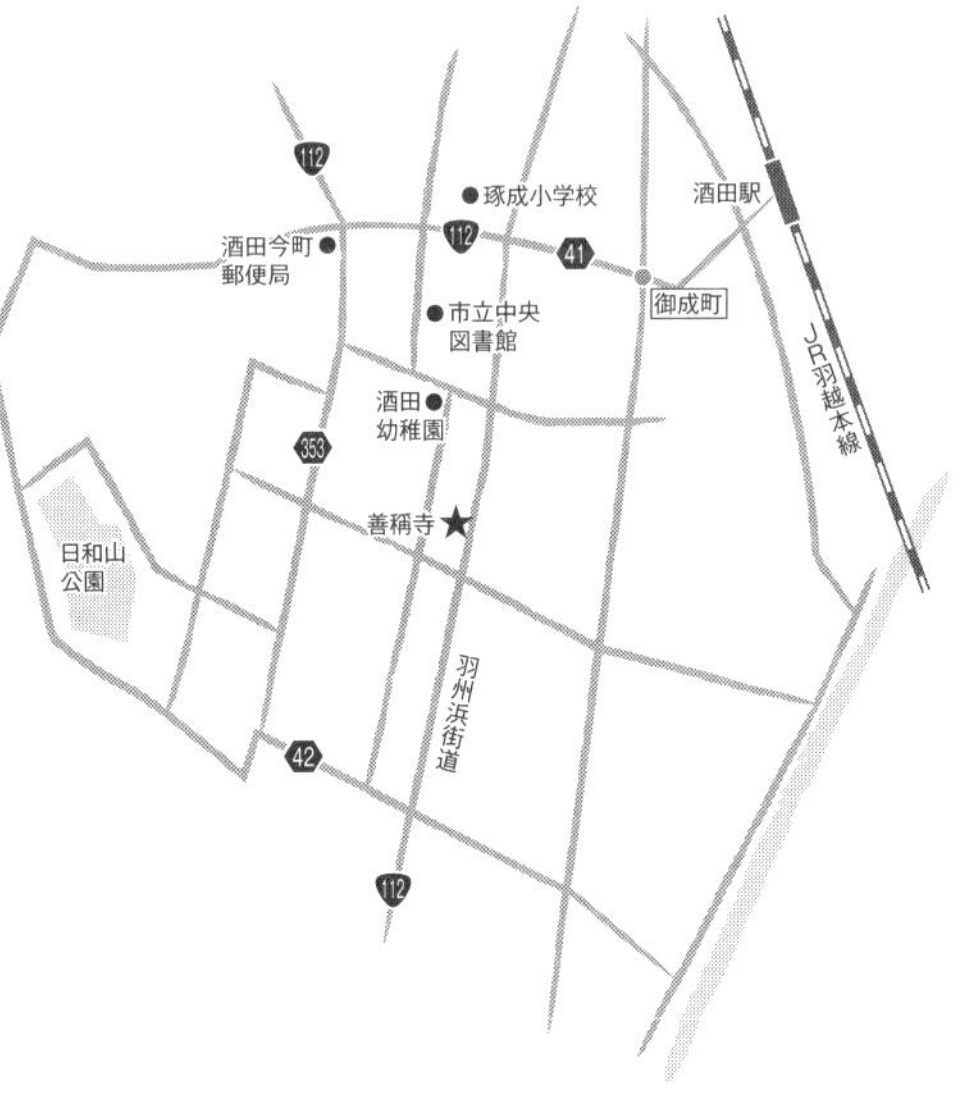

酒田市　善稱寺と日和山公園

山形県酒田市は、最上川の河口に開けた港町である。そしてここは数学者、小倉金之助を生んだ地である。「酒田港といいますのは、船舶の出入りによって北海道や新潟、伏木敦賀から遠く下関、大阪方面までを結びつける港であったと同時に、最上川の河口にありますので、最上川の上流、即ち山形県全般からの米や物資の集散地でもあった」とは金之助の言葉である。郊外の日和山《ひよりやま》公園には、彼の記念碑があり、善稱寺という寺には小倉家の墓があって、金之助はそこに埋葬されているらしいので、一度当地を訪れてみることにした。秋田県大館市から日本海を右手に見ながら羽越本線で酒田に向かった。

善稱寺から日和山公園へ

酒田駅に降り立ったものの、善稱寺がどこにあるのか検討がつかない。駅前の観光案内所で訊《たず》ねると、「酒田観光マップ」を手渡された。その寺は地図に記されていなかったが、丁寧に教えてくれた。徒歩で行ける距離にあり、そのまま歩けば日和山公園にも行けそうである。駅前の商店街を真っすぐに歩いて、「大来軒」というラーメン店のところで左に曲がる。いくつもの大きな寺が立ち並ぶなか、浄福寺という寺で訊ねると、善稱寺はその隣にあった。

寺の奥さんが応対してくれる。仏壇にお参りするように促され、座敷に上がって合掌する。その後墓所まで案内してくれた。

「私は金之助さんとお会いしたことはありませんが、お話はいろいろ伺っています。ときおり遠方からもおいでになります」

寺の建物の横から裏手一帯が墓所となっている。建物の横を歩き、裏手になるところから建物から離れるように歩くと、金之助の墓があった。「小倉家累代之墓」と刻まれていて、左側面には金之助の名前も出ていた。時刻はまだ夕刻四時にもならないのに、一二月の空はどんよりとして薄暗い。お参りをした後、絞りをいっぱいに開いて私はその墓を写真に収めた。「このまま前の道を進んで、アーケードの商店街のところで右に曲がってそこを突き抜けると日和山公園に着きます」と奥さんは教えてくれた。

道は途中からなだらかな上り坂になっていて、登りつめると日和山公園であった。すぐに「文学の道」という標識が見えたので、その標識にしたがってさらに高台へと登った。途中の道々にはそして高台にも、数々の文学碑が立っていた。ひとつひとつ探して歩くが金之助の碑が見つからない。下のほうへ降りたりまた登ったりして、やっと見つけた場所はちょうど登り口の辺りであった。鳥居があり、遊具のある遊び場のところである。次のような歌碑であった。金之助は歌心も持っていたのだ。

山王の　祭りも近き　ふるさとの
　五月若葉の　かぐはしきかな
　　　　　　　　　　　　　金之助

私は、酒田港が見下ろせる高台のベンチに腰を下ろした。いつしか夕闇につつまれてもう辺りは真っ暗である。港の周辺の明かりが水面にはねかえってきらきらと点となって揺れている。近くを犬を連れて散歩する人が通り過ぎていく。

学問の衝動はおさえがたく

小倉金之助の足跡を見ると、なるべくして学者になったというのとはほど遠い。『一数学者の回想』を読むと、むしろ学問研究とはほど遠い環境にありながら、自らの目標を失うことなく自らを貫いた生き方をしているところがすごいと思う。金之助は幅広い読書家であり、彼が愛したロマン・ロランの『ジャン・クリストフ』のような情熱を彼自身がまた持っているのを感じる。

金之助が当地船場町に生まれたのは一八八五年（明治一八）三月一四日のことであった。曾祖父は青森の回漕問屋の船長であったが、ここ酒田に移住し回漕問屋を始めた。父は金之助一歳のとき病死し、母は生まれたばかりの妹をつれて再婚し家を出た。金之助はそこで祖父母に育てられることになるが、血のつながりはなかった。小倉の家は、曾祖父、祖父と二代続いて子供に恵まれず養子縁組をしていたからである。祖父は回漕業の後継者にと、亡くなった父の代わりに何回か養子夫婦を迎えたが、みな長くは居つかなかった。やがて年端のいかない金之助が目されるようになったらしい。小倉の家はおよそ学問などというものとは縁遠いものであった。金之助は次のように回想している。

「私の祖父は船長あがりでほとんど学問もなく、父は子供のときから小僧、番頭として養成された人であり、祖母や母にいたっては申し上げることもありません。私の家には書物などなかったのです。私は十歳くらいになりますまで、小学校の教科書以外には書物らしい書物を読んだこともなければ、雑誌や絵本など見たこと、いやそんなものが世の中にあることさえもしらなかったのです。」

小学校にあがっても「学校に行くのが非常に嫌」であったが、一人の熱心な先生に深く感化される。

「先生はしばしば数週間にわたる宿題を出されたときにはテーマも生徒自身に選ばせて、生徒の自由研究に訴えられるのでした。そしてその報告を出しますとそれを厳密に調査されて、長い批評の言葉を書いて返されたのであります。私は二年間にわたる先生のかような指導によりまして、いろいろな意味で学問がとても面白くなってきたのでした。」

金之助は「急にいろいろなものを読むようになり」、化学の実験、英語、代数まで家庭でするようになった。そして彼は言う。

「今の言葉で自学自習といった教育の方法、学問を自ら学びとる方法を、若い時分から全く自然の間に体得したということは、私の一生にとって非常に幸福なことであったと私は考えています。」

小学校を出ると、番頭見習いに出されるところであったが、学問への衝動はおさえがたく、祖父が仕事で家を留守にしているときに、鶴岡にある中学校の入学試験を受け合格、祖父の帰らないまに寄宿舎に入ってしまった。中学校を卒業したあとも、逃げるように東京に出て、東京物理学校に入学した。その間そしてそれからの人生ずっと、家業を継げという祖父からの催促にさいなまれ、旧制高校、帝国大学というコースを歩んでいないことも彼を反官的なものとした。

数学史研究へ

金之助が最終的に見いだした道は、数学史研究であった。彼は病気がちであったこと、また田舎で家業をしながらでもできそうなこと、それは数学史それも日本の数学史であった。「数学的な面倒な計算をやったりすると、やはり健康によくありませんので、ついに私は数学史の研究を始めることに決心したのです。なぜかといえば、寝ていてもある程度まで文献を読むことが出来るからです」と述べている。結局家業を継ぐことにはならなかったが、彼が見いだした数学史の分野で、オリジナルな道を切り開いた。『小倉金之助著作集』全八巻（一九七三〜一九七五）の各巻に付けられた題目を見ればおよその業績がわかるだろう。

一、数学の社会性　　　五、数学と教育
二、近代日本の数学　　六、数学教育の歴史

三、中国・日本の数学　　七、科学論・数学者の回想
四、数学教育の根本問題　　八、読書雑記

なかでも第一巻の「数学の社会性」という題目に金之助の本領がよく現れている。つまり、彼の数学史の特徴は、数学を社会の発展のなかで捉えるという当時としては画期的なものであった。数学のような純粋と思われる学問でさえも、社会制、それどころか階級制までが深く刻みこまれていることを実証したのだ。初期の論文「階級社会の算術」（一九二九）と「階級社会の数学」（一九三〇）はともに『思想』に発表され、異常なまでの反響を呼び起こした。数学教育史の研究や科学の大衆化という面でも業績を残した金之助は、一九六二年（昭和三七）一〇月二一日、七八歳の生涯を閉じている。

いつしか時が過ぎ、日和山公園に人影はなくなっていた。暗闇のなかで酒田港の揺らめく明かりのみが見えた。

（二〇〇〇年一月）

岡《おか》 潔《きよし》

（一九〇一〜一九七八）

和歌山県橋本市／奈良県奈良市白毫寺町

嗜眠《しみん》性脳炎のあだ名 ― 多変数複素関数論の創設 ―

橋本市　紀見峠

奈良市　寺山霊苑

大阪難波発の南海電鉄高野山行きの電車は、紀見《きみ》峠の長いトンネルを抜けると緩やかな下り坂をガラガラと音を立てながら和歌山県橋本市方面へと下って行く。まるで高原列車のようである。ここ紀見峠はその昔、高野山街道の宿場町として栄えたところで、現在でも二〇戸ほどの民家がある。そして、ここは、数学者岡潔のふるさとである。

紀見峠駅で下車しても山道を登って頂上にうまく着けるか自信がなかったので、そのまま通り過ぎて、二駅ほど行った御幸辻《みゆきつじ》という駅で下車した。ここにある橋本市郷土資料館に岡潔の展示コーナーがあるので、こちらを先に見学すれば、情報が仕入れられると思ったからである。高架になっている駅を出て線路を渡ると、木立に囲まれた杉山公園があって、ここに郷土資料館があった。

入館すると、昔懐かしい照明器具や農機具が展示されていて、古き時代にタイムスリップしたような気持ちになった。その奥に岡潔の展示のコーナーがあった。真ん中に潔の写真が飾られ、幼児期の写真、賞状、色紙、著作などが展示されていた。館長さんは語ってくれた。

「ここの展示は少ないです。多くは奈良女子大学が所蔵しています。岡先生が育ったところは紀見峠で、駅を降りた後、国民宿舎の前を通り柱本に出て、国道に沿って歩くのがよいです。二キロくらい。山道もあるが、初めての人が歩けるところでない。」

紀見峠での幼少年時代

岡潔が生まれたところは紀見峠ではなく、大阪市東区の島町というところである。一九〇一年（明治三四）のことだ。紀見峠は郷里で、岡家は代々そこで旅籠屋と庄屋をしていた。祖父は村長、県会議員などを務めた名士で、軍人の父が大阪に召集されていたときに潔が生まれた。

四歳のときに帰郷、一時再び大阪で暮らしたこともあるが、紀見峠は潔のふるさとであった。エッセー集『春宵十話』にも幼少年期のここでの生活ぶりの一端が書かれている。「私の家は峠の上だったから井戸を掘ってもなかなか水が出ず、そのため深い林から水を引いて飲料水に使っていた」。山から小木を掘り取って帰り、これをあそこに植えようなどと箱庭作りが幼少年期の遊びだったという。また、写生や昆虫採集にも夢中になった。『日本少年』や『水滸伝《すいこでん》』『西遊記』『三国志』などを貪り読み、お陰で「本を読む力が非常についた」ともいう。

孤高の人に梅薫る

こんな潔のふるさとを訪ねたいと思った。御幸辻駅から引き返して紀見峠駅で下車した。駅名が示す通り、山の中腹にある駅である。郷土館の館長さんの教えの通り、国民宿舎の前を通り団地の横を歩くと、やがて車の往来の激しい国道が下方に見えてきた。近道をするために細道や畑の畦道を歩いて国道に降りた。

人影はなく、車が激しく通り抜けるだけである。国道はトンネルへと続いているが、人が歩ける雰囲気はなく、そもそも方角違いのところに行きそうに思えた。もういちど山の中腹まで引き返して、民家で道を尋ねると、裏山の登り口まで案内してくれて、「道は一本道です。一度、車道と出会いますけど、さらに登るとそこが旧宿場町で、現在も何戸かの民家があります」などと教えてくれた。そういわれて登り始めたが、松や竹が生い茂った急な狭い山道であった。とても民家があるなどとは思えなかった。はあはあと息せいて登りきると、嘘のように視界が開けて車道に出た。この崖のようなところを「馬落とし」ということを後で知った。昔、馬を引いていた時代に、馬子は馬をよく落としこんだそうだ。そこには「紀見峠宿場跡八百メートル」と標柱が立てられていた。もう一度登りつめると、宿場跡に出て、街道の両側には民家が並んでいた。その一軒で岡さんの家を尋ねると、この街道の一番奥にあると教えてくれた。街道は、尾根に沿う平坦な道であったが、行き止まりのところまではまだかなりあった。

その行き止まりの民家の一画に「岡潔生誕の地」と刻まれた標柱が立っていた。その横には一本の梅の木があって、その根本には「誕生の地　孤高の人に梅薫る　弘子」と刻んだ句碑が置かれていた。

その民家の家人は次のように語ってくれた。

「潔さんの家は、この前の道路が来ているところにあったんです。ところが道路ができるので、移転を余儀なくされ、このところに蔵と離れだけ移転されたんです。離れに人が住んでいたのですが、ここを買取りました。蔵だけ残して、離れは壊して更地にして新しい家を建てました。潔さんは住居を手放し別のところに住みました。」

その家人は、斜め向かいに潔さんの甥が住んでいると教えてくれた。訪れるとちょうど在宅で、先の家人と同じようなことを語ってくれた。

帰路は急な坂道を駈け降りたので、三〇分ほどで駅に着いた。登りの半分以下の時間であった。

珠玉の傑作

岡潔の学問的業績は多変数複素関数論という分野を創造したことである。この分野に関する論文を生涯に一〇編書き（最後の一編は付け足し）、そのすべてが珠玉の傑作で、ひとつひとつにオリジナリティがあって、一人の人間の手で成ったとは容易に信じられないと評価されている。こんな数学上の業績はどのようにして誕生したのだろうか。

潔はひとつのことをどこまでも考え抜く粘り強さを持っていた。中学校のときには幾何の問題を冬休み前から考え込み、正月前には鼻血を出した。京都大学在学中の期末試験では、一題に二時間のほとんどを費やし、ようやくわかったときには嬉しさのあまり、「わかった!」と思わず大声で叫んでしまった。

夜蒲団に入ってからも考えるともなく考えており、遅いときには夜明けまでそのまま考えている。昼間でも、ソファーにもたれて、寝るとはなく考えていることが多く、「嗜眠《しみん》性脳炎」などとあだ名を付けられた。考えに考えたことを一日平均三頁書きつけた。二年で二〇〇〇頁、これを二〇頁の論文に仕上げていった。こうして二年に一編程度の割合で九編の論文が発表された。

第五論文までは広島文理科大学（現・広島大学）在職中に発表されたが、精神を病むようになり、一九四〇年（昭和一五）四〇歳のとき退職し、紀見峠のふるさとに帰った。田畑を売り、馬小屋を改造して住むなど一〇年間不遇な生活をおくるが、研究を怠ることはなかった。ここで、第六と第七の二つの論文が完成した。一九四九年（昭和二四）、友人らの世話で奈良女子大学に教授として再就職することができた。ここで第九論文まで完成させるのである。

一九六〇年（昭和三五）文化勲章受章、翌年には橋本市名誉市民となった。奇行が多く、「数学者は奇人」という伝説を地でいった人物である。一九七八年（昭和五三）三月一日七八歳の生涯を閉じている。後を追うように二カ月後、夫人も亡くなった。

石の上にも春の風

墓は奈良市寺山霊苑にある。この霊苑は、奈良公園の南東にある白毫寺《びゃくごう》の隣にある。紀見峠のふるさとを訪ねてしばらくしたある日、私はその墓に参った。白毫寺の参道を登らずに、右手に回り込むように歩くと、その霊苑に着いた。岡潔の墓は、事務所の裏山に続く小径に面して、下から二段目にあった。表面に「岡家先祖代々霊位」と刻まれ、右側面には、潔の句が刻まれていた。

春なれや　石の上にも　春の風　石風

（二〇〇六年三月）

桂田《かつらだ》 芳枝《よしえ》

（一九一一〜一九八〇）

北海道札幌市中央区南六条

研究は寝床の中で ― 数学で日本女性初の理学博士に ―

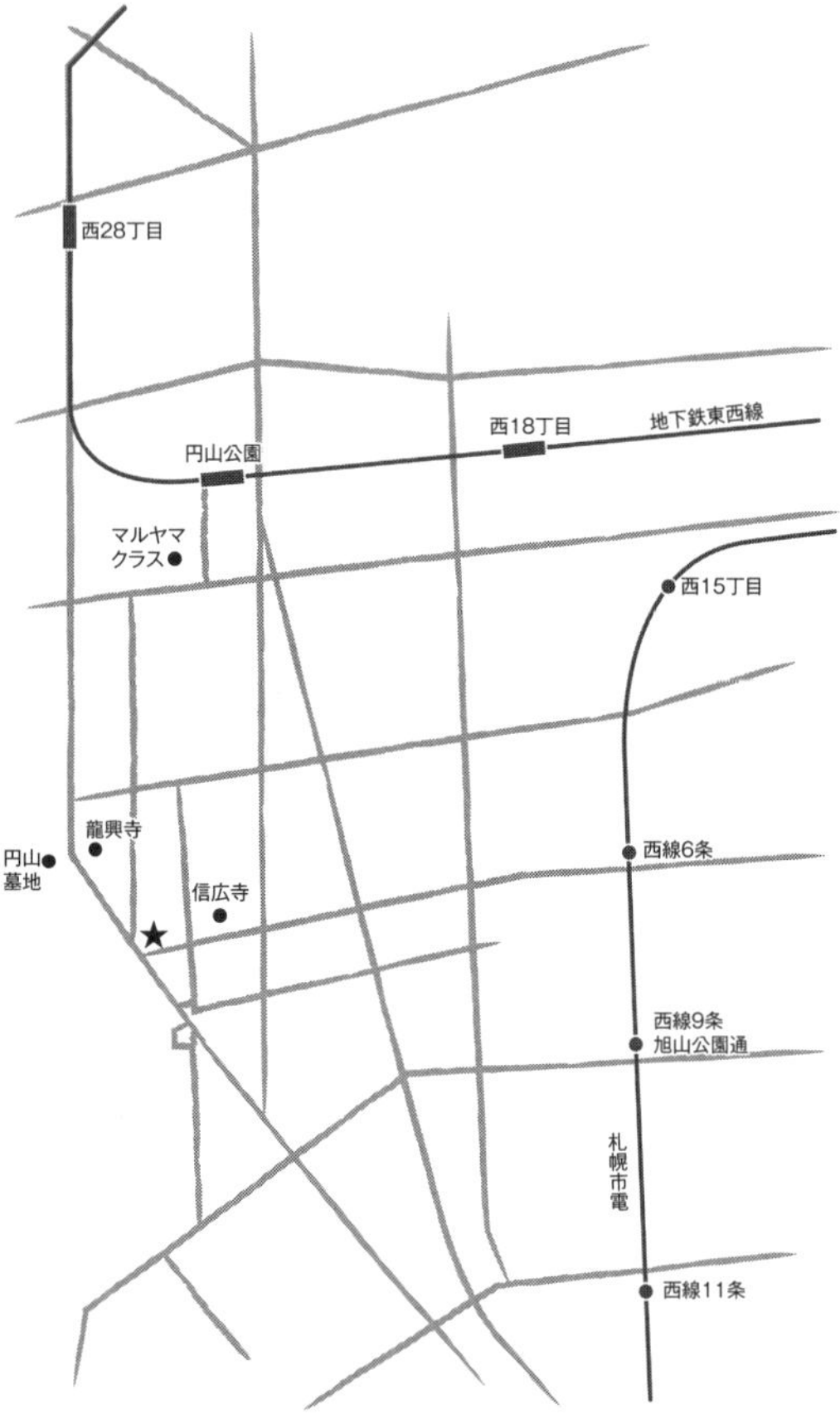

櫻月　SAKURA MOON

注）「櫻月 SAKURA MOON」は閉店し、解体されている。

ＪＲ札幌駅の南西数キロ隔てたところに円山がある。二〇〇メートルほどの小高い山がお椀をふせたようにそびえ、山肌は原始林におおわれている。この山の北側の麓は、円山公園が広がっている。そして、東側の麓、円山下に、「櫻月 SAKURA MOON」という粋なレストランがある。札幌に住んでいる知人に頼んで、このレストランの外観を写真に撮って送ってもらった。

知人からの手紙によると、周囲には近代的マンションが建ち並んでいるのに、この一軒だけは樹木に囲まれた古風な木造建築で、樹木の前には車四、五台分の駐車場があるこじんまりしたレストランであったという。旧環境を唯一残すこの建物は、一九五四年（昭和二九）に建てられているので、もう半世紀を超えた建物ということになる。元の家主は桂田芳枝、一九五〇年（昭和二五）数学で日本女性として初めて理学博士となった人である。

上の学校で高度な数学を勉強したい

芳枝は、一九一一年（明治四四）、積丹《しゃこたん》半島の袂《ふもと》に位置する北海道余市郡赤井川村に生まれている。ここは、札幌市、小樽市などと隣接し、その八割までが山林という村である。父は、本土からこの村に渡ってきていて、小学校の教員をしていた。芳枝は、二男四女の四女であった。

子どもの頃の芳枝は、自然が好きで、野山でよく遊び回っていた。考えることそのものが好きな少女でもあった。周囲に左右されずに、自分が心を傾けたことに集中する力を持っていた。後年、「小学校の頃から数学は何となく好きでした。たぶん数学は頭で考えればよく、国語なんかと違って、辞書を引く労力をともなわなかったからでしょう」と語っている。小樽高等女学校へと進んでも、数学が好きなことは、強まることはあっても、弱まることはなかった。一九二九年（昭和四）一九歳で、同校を卒業した後は、実家の家事手伝いをしながら、数学を勉強していた。小学校の教員なら、なれないわけでなかった。

芳枝は、上の学校に進んでもっと高度な数学を勉強したかった。しかし、地元の北海道帝国大学に理学部はまだできていない。できていたとしても、学歴不足で受験資格はなかった。女性が数学のような学問の道に進むには想像以上の困難があった。医学のような実学とはまた違う敷居の高さがあった。

芳枝は、女学校の数学の先生から聞いていた東京物理学校（現在の東京理科大学の前身）に気持ちが向いていった。ただ女子を正規に受け入れていないので、聴講生になるしか道はなかった。それでも数学を学びたかった。このことを父に相談すると、許してくれた。

こうして一九三一年（昭和六）正規学生になれないまま、聴講生として三年間東京物理学校に通った。聴講生ゆえに、質問することは認められていなかった。それでも男子学生の中の紅一点で、目立つことは間違いなかった。ある日、通学電車の中で、われを忘れて数学の問題を解いていると、「一生懸命だね」と声をかけてくれる紳士がいた。見上げると、東京物理学校の森本清吾《せいご》先生であった。森本先生は、熱心に講義を聴いている芳枝に日頃から目をとめていた。

この出会いがきっかけとなって、森本先生の自宅で週一回の個人教授を受ける道が開かれた。森本先生の妻治枝も、東北帝国大学数学科を卒業し、女学校などで数学教員をしていた。芳枝がその後数学の分野で伸びていけたのは、森本夫妻の惜しみない支援があったからである。

三度の検定試験不合格を乗り越えて

しかし、芳枝の前方には試練の壁が立ちふさがった。東京物理学校を修了して実家に帰ったものの、聴講したという経歴しか残されていない。卒業資格はないのである。

北海道帝国大学には、ちょうど芳枝が東京物理学校に入学した前年の一九三〇年（昭和五）に理学部ができていた。この理学部は予科を持っていなかったので、農・医・工の同大学予科や他の高等学校の卒業生以外に、欠員がある場合に限って、高等師範学校・女子高等師範学校・専門学校の卒業生や文部省の中等教員検定試験の合格者にも受験資格を与えていた。そして、東北帝国大学に続いて、女子であることだけを理由に受験を拒むということもなかった。現に、女子高等師範学校（現・お茶の水女子大学）の卒業生が、開設とともに一人入学していた。

芳枝の場合、東京物理学校を卒業していないのだから、受験資格はなかった。受験資格を得るには、文部省の中等教員検定試験に合格するしかない。丹下ウメが一九一二年（明治四五）女性として初めてこの試験に合格し、これがきっかけとなって、一九一三年（大正二）東北帝国大学が日本で初めて、女子に門戸を開放する端緒となった試験である。

芳枝は、一九三三年（昭和八）この検定試験を受験するも、結果は不合格であった。彼女はあがり症で、またじっくり物事を考えるのは得意であったが、制限時間内に解答するのは不得意であった。次への挑戦に向けて勉強を始めていたが、姉の紹介で北海道帝国大学の事務補助員となった。雑用をこなしながら、時には講義も聴かせてもらえることになった。

しかし、キャンパス内にちらほら女子学生の姿が見える時代となっていた。そんな姿を見て、芳枝は自分も早く学生となって数学の勉強をしたいと夢を膨らませた。一九三六年（昭和一一）二度目の中等教員検定試験に挑戦したが、結果は不合格。翌年、三度目の挑戦をしたが、結果はまたしても不合格であった。

ちょうどこの年、東京女子大学が、数学科教員無資格認定の学校として認定された。北海道大学の先生にも勧められて、芳枝はこの学校に入学した。入学二年目の一九三九年（昭和一四）四度目の検定試験に挑戦したところ、合格した。東京女子大学の級友や先生が祝福してくれたが、これ以上この学校にとどまる必要はなくなった。翌一九四〇年（昭和一五）退学し、北海道帝国大学を受験し、晴れて正規学生として入学することができた。しかし、時は太平洋戦争に突入した時代、戦時下の軍の指令で、一九四二年（昭和一七）在籍二年で繰り上げ卒業をしている。芳枝三一歳、長い修行時代がここに終わった。

創造する瞬間の喜び

芳枝が数学の道に入り込んだのは、ただ数学が好きという動機だけからであった。計算そのものや計算によって問題が解けていく過程もおもしろい世界ではあった。しかし、それよりも定理とか公理とかがどのように発見されたのか、ユークリッド、ラプラス、コーシーといった昔の数学者の業績をひとつひとつ理解していくと、それがわかる喜びがあった。次には自分自身で、もっと未解決の世界に踏み込んでみたいと思うようになった。

数学の研究に限ったことではないが、研究とは時間を限った営みではない。昼夜を問わずに続く活動である。研究者になった後の芳枝にとって、もっとも精力を傾けられる場は、寝床の中であった。寝ていて、ふと思いついて考え始めると楽しくて、思索は続く。昼間でも、自宅にいるときは、床の中で考えることが多かった。あるイメージが浮かぶと、飛び起きて、数式で実証にかかる。この創造する瞬間が最大の喜びだった。

北海道帝国大学では、助手から始まった。芳枝の研究分野は微分幾何学で、一九五〇年（昭和二五）四〇歳のとき、「高次空間の非ホロノム系について」の研究で、理学博士の学位を取得した。数学における日本女性初の理学博士の誕生であった。

ところが、もっと早い時期に別の女性が日本初の博士になっていたかもしれなかった。それというのも、東北帝国大学が、一九一三年（大正二）黒田チカ、丹下ウメとともに日本で初めて女性の入学を認めた牧田ラクは数学専攻であったからだ。ラクは三年後、同大学を卒業して、日本初の女性学士にはなったが、その後結婚して家庭に入り、研究者の道を選ばなかった。ラクが研究者の道を歩んでいれば、彼女が数学で日本初の女性博士になっていたかもしれない。

芳枝は、理学博士になったその年、助教授に昇進。以後、イタリアやスイスなどに留学し、国際交流を深め、一九六七年（昭和四二）五七歳のとき、教授に昇進した。旧帝国大学における初の女性教授の誕生でもあった。その生涯に四一篇の欧文学術論文のみを遺し、教科書・エッセー集のような一般著作は残していない。

数学と結婚

芳枝は、数学への熱い思い一筋に人生を歩み続けた。一方、家庭に目を向けると、肉親の別れという辛い経験を何度もしている。姉三人と兄一人弟一人の五人の兄弟のうち、三人まで若くして亡くなっている。次姉は、芳枝一六歳のとき二二歳で、三姉は芳枝二〇歳のとき二二歳で、そして弟は芳枝二二歳のとき二〇歳で亡くなっている。当時の命取りの病気は肺病、肺結核だった。東京に出て物理学校に学ぶことを応援してくれた父も、芳枝二六歳のときに六六歳で亡くなっている。多感な二〇歳前後に二人の姉、弟、そして父までを亡くしていることになる。

父が健在で、女学校を出たころから、芳枝にも縁談がしばしば寄せられた。女学校を出て、家庭に入るのが普通の女性の幸せな人生であった。しかし、数学に夢中になっている芳枝にはそれに応じることはできなかった。好きな男性と結婚しても、それは好きな数学から遠ざかることと思えた。こうして生涯独身を通したが、後年「研究生活が忙しくて、結婚を考える暇がなかったわ」と答えている。

円山下に新居

一九五四年（昭和二九）四四歳のとき、芳枝は札幌の郊外、円山下に新居を構えた。学位を取得し助教授になって四年目のことであった。このときまで、芳枝は岩見沢の姉の公宅で、母と三人暮らしをしていた。この円山下の新居でも三人暮らしを続けた。

建物の設計は、姉と二人で行なった。草木や花が好きだったので、庭には、白樺、楓《かえで》、桜、クルミなどが植えられた。自然のままが好きだったので、手入れをせず、枝は伸びほうだいであった。初めは平屋だったが、後に二階を建て増し、座敷を設けた。外国から来たお客を自宅に招き、桜を楽しむためだったという。北海道大学はここから、数キロほど隔てたところにある。芳枝は、自宅から円山公園駅まで歩き、そこから市電を乗り継いで、大学に通った。

一九八〇年（昭和五五）芳枝が亡くなった後、この住居は空き家となった。数年ほどした一九八八年（昭和六三）この空き家はある人に引き取られた。「桜の木のある一軒家」を探していたその人は、この家を買い取り、庭に面してさらに建て増しをして、レストランを始めた。これが、「櫻月 SAKURA MOON」である。食事を味わいながら、桂田芳枝という女性数学者を偲ぶのもよいだろう。

（二〇〇八年一一月）

谷山《たにやま》　豊《ゆたか》
（一九二七〜一九五八）

埼玉県加須《かぞ》市騎西《きさい》

豊の背広をください
―「谷山・志村予想」の提出―

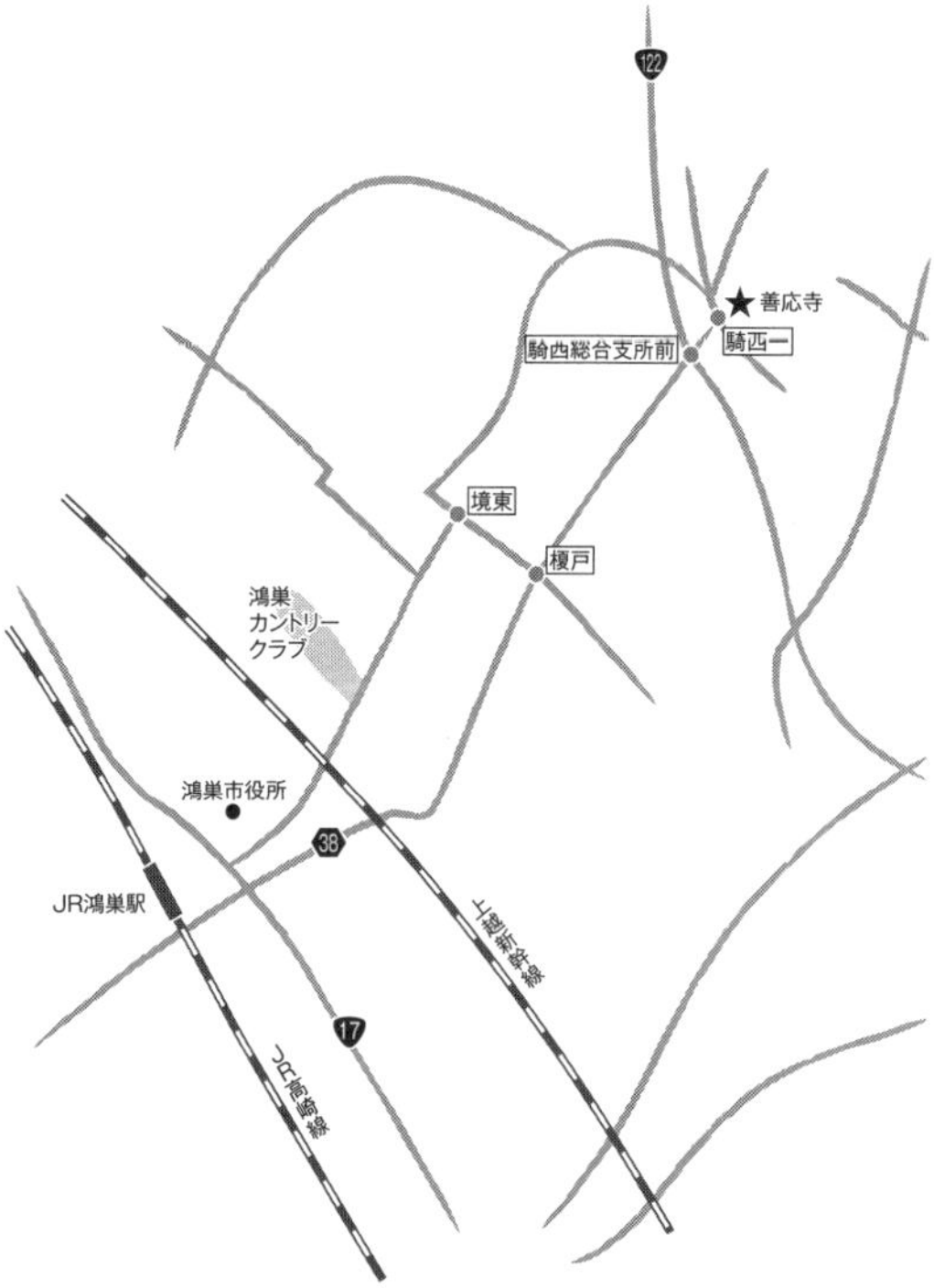

加須市　善応寺

一九五八年〔昭和三三〕一一月一七日、満三一歳になったばかりの一人の青年が、東京池袋のアパートでガス自殺をした。その青年は、その年四月に東京大学教養学部助教授となり、五月には理学博士の学位を受け、一〇月にはアメリカのプリンストン研究所から招待状が届いていた。人生のパートナーも見つかり、同じ月に婚約もしたばかりだった。充実の一年、これからさらに薔薇色の人生が花開くと期待されていた人であった。遺書が残されていた。こんな書き出しで始まっている。

「昨日まで、自殺しようという明確な意志があったわけでない。ただ、最近僕がかなり疲れて居、また神経もかなり参っていることに気付いていた人は少なくないと思う。自殺の原因について、明確なことは自分でも良くわからないが、何かある特定の事件乃至事柄の結果ではない。ただ気分的に云えることは、将来に対する自信を失ったということ。僕の自殺が、或る程度の迷惑あるいは打撃となるような人も居るかも知れない。……」

冷静な遺書である。なぜ彼を自殺に走らせたのか、はたから見てもはっきりしない。その青年の名前は谷山豊、フェルマーの大定理を証明するアイデアを出した数学者として、没後半世紀を越え、その評価はますます高まっている。

彼のふるさとは埼玉県の騎西町《きさい》〔現・加須市騎西〕である。私にとって一度は訪れてみたいところのひとつだった。

谷山家の墓を探して

騎西町は埼玉県の北部、鴻巣《こうのす》市から東に数キロほど隔てたところに位置する。人口は約二万人、玉敷《たましき》公園のあじさいロード、玉敷神社の神楽などで知られる自然豊かな小さな町だ。

ある日のこと、私は上野駅からJR高崎線に乗車した。三〇分ほどの乗車ののち、鴻巣駅で下車し、ここからは、加須行きの朝日バスに乗車した。あいにくの雨である。バスは一時間に二便は出ているので、少しの待ち時間ですんだ。車の往来の激しい片道一車線の道路をバスは走る。二〇分ほどの乗車で、役場前で下車した。訪問予定の善応寺は目の前にあった。豊はこの寺の墓所で眠っているのだ。

雨はしとしとと降り続く。墓所は本堂の左手から裏手にかけて広がっている。広くはないが、雨の中、探し歩くのは億劫である。朝九時、寺務所で尋ねようとしたが、玄関は締まり、部屋のカーテンもすべて閉まっている。人の気配はない。自分で探すしかない。ところが、一巡して戸惑った。「谷山家の墓」というのがやたらと多いのだ。少なくとも七基はあった。豊の戒名は調べていたので、ひとつひとつ目を凝らして探したが、その戒名が刻まれている墓誌はない。

本堂の軒下で雨宿りをしながら、思案した。墓所への入口のところの谷山家の墓は施行者が谷山豊造とあったので、ここが豊の墓なのだろうかなどと勝手に想像もした。それにしては墓石が新しい。あきらめるしかないのかとも思った。そのとき、ひとりの中年の女性が外から鍵を開けて、寺務所に入ろうとするのを見つけた。とっさに声が出た。

「すみません。谷山豊という数学者のお墓参りに来て、探してみましたけど、谷山家の墓というのがたくさんあって、どれかわかりません」

「昨年もどなたかその方のお墓の問い合わせがありました。どんな方なんですか」

「数学で大きな業績を挙げた方です。でも三〇歳ほどで、不幸な亡くなり方をしています」

「それは、もう・・・」

その女性ははっきり知らないようで、よく知っている人がいるとして、その人に電話をかけて呼んでくれた。その人はほどなく来てくれた。その女性は、「この人も谷山さんといいます。私も一度お参りしておきたいわ」と言って、谷山さんの後について歩き出した。谷山さんも、そばまで来てはっきりしないようであったが、ほどなく見つかった。墓所の入口から見れば、もっとも遠いところにあった。ここにも、谷山家の墓と刻まれた墓石があったが、目につきにくく、最初に見つけておいた七つの墓とは別の谷山家の墓であった。そして、小径に面して、表面に二つの戒名が並んで刻まれた夫婦墓があった。右側には、「理顕明豊居士」と刻まれていた。これは豊の戒名である。そして、左側には、「美真楓節大姉」と刻まれていた。

寺の女性は「二人は結婚していたんですか」と尋ねた。「婚約していて、女性は後追い自殺をしたんです」と私は答えた。その夫婦墓の右側面には没年と俗名、年齢が刻まれていた。豊は満三一歳、美佐子は満二六歳とある。その年齢を知って、その女性は、「いったい何があったんでしょう」と一層声を詰まらせた。

整数論を専攻

豊が亡くなった四年後の一九六二年(昭和三七)、家族・友人の手で『谷山豊全集』が刊行された(増補版は一九九四年)。ここには、彼が発表した欧語論文、数学的エッセー、書簡、遺書、そして著作目録や年譜などが一冊にまとめられている。彼の生涯や業績を知る唯一の本といってよいだろう。

この本によると、谷山豊は、一九二七年(昭和二)騎西町騎西に生まれた。父は開業医で、八人兄弟姉妹の第六子として生まれている。トヨと名づけられたが、周囲の人がユタカと呼ぶので、本人もそう名乗るようになったという。

一九三二年(昭和七)幼稚園に入園するも、人間関係がうまく築けず、すぐに退園した。その後、騎西尋常小学校から旧制不動岡中学校、旧制浦和高校へと進んだが、中学校時代から、体が弱く学校を休みがちであった。高校では、入院手術による休学、自宅療養などのために、三年のところを五年かかって、一九五〇年(昭和二五)二四歳で卒業した。二年遅れてでも卒業できたのは、試験の成績が優秀であったからであった。この頃、高木貞治の『近世数学史談』を読み、数学に非常に興味を感じるようになった。同年、東京大学理学部数学科に入学し、整数論を専攻した。「整数論は壮大な構成に加え、神秘的でさえあり、専攻したことは幸運であった」と後に述べている。在学中は概して健康を取り戻していた。

一九五三年(昭和二八)二七歳のとき、同大学理学部数学科を卒業し、新数学人集団結成に尽力した。翌年理学部助数学科助手となった。翌々年、一九五五年九月、日光で開催された代数的整数論国際シンポジウムにおいて、豊は「すべての有理楕円曲線はモジュラー形式である」というアイデアを発表した。以後、池袋のアパートで自殺するまでの三年間、研究成果を英語論文にまとめて次々と発表した。豊のアイデアは、のちに友人の志村五郎によって仕上げられ、「谷山・志村予想」と名づけられた。

呪いのかかった難問

ここで、豊が証明の手がかりを与えたというフェルマーの大定理を見てみると、問題そのものの意味は簡単である。「nが三より大きい自然数のとき、

$$x^n + y^n = z^n$$

を満たす自然数x、y、zは存在しない」というものだ。nが二のときなら、

$$x^2 + y^2 = z^2$$

で、これはピタゴラスの定理を表し、これを満たす自然数x、y、zは無数にあって、このことは一般的に証明されている。ところが、nが三より大きくなって、

$$x^3 + y^3 = z^3$$

$$x^4 + y^4 = z^4$$

……

などとなれば、これを満たす自然数x、y、zはないというのだ。そして、このことを一般的に証明することが、大きな課題となったのだ。この課題に対して、フェルマーは、古代ギリシャの数学者ディオファントスの『算術』という本の余白に、「私はこれを証明できたが、この余白はそれを書くには狭すぎる」と走り書きしていた。彼は、どのように証明したのか、証明したというのは本当なのか、多くの専門家、素人までが取り組むことになる。nが三、五、七というような個々の場合については、証明に成功する数学者が出てきた。しかし、三五〇年経っても、一般的な証明は、誰が取り組んでもできず、それのみならず、人生を棒に振ってしまうような人も出ていた。呪いのかかった難問であった。

ここに一九九四年、この証明に成功したのが、ワイルズというイギリスの数学者であった。彼も幼いころから、フェルマーの大定理に取りつかれていた。しかし、大学に進んだとき、彼の指導教授からこの定理に手を出さないように諭された。彼の優れた才能をつぶさないようにする親心からだった。ワイルズはしかたなく、有理楕円曲線を専攻した。

ところが、谷山・志村予想とフェルマーの大定理とを結びつける数学者があらわれた。ここにワイルズは、一〇年近くも秘密裏に一人でこの定理の証明に取り組み、成功した。こうして、谷山豊の名前は、表舞台に踊り出たのである。谷山は、楕円曲線とモジュラー形式の間に橋をかけた時代を先んじた業績を残し、これがフェルマーの大定理の証明とも結びついたのだ。

豊と美佐子の葬婚式

谷山家の墓所の前で、その谷山さんはひとつひとつの墓について説明してくれた。豊と美佐子の夫婦墓の左側面には、施主として父の名前が刻まれている。そして、その左側中央にある谷山家の墓には建立者として兄の名前が刻まれている。豊より三つほど年上の兄で、現在も健在だという。そんな説明をしてくれると、二人は帰ってしまい、私一人が取り残された。

夫婦墓の前にたたずんでいると、美佐子の後追い自殺のことが自然と頭に浮かんできた。彼女は、恋人の突然の自殺にわけもわからないまま、葬式の場にかけつけたという。そして、お兄さんに「豊の背広をください」とお願いをした。

美佐子は、豊が住んでいたアパートの近くに、アパートを借りた。二週間後の一二月二日、もらってきた背広を見ながら、自殺をした。彼の後を追うという遺書を遺し、豊が自殺した同じ時刻に同じ方法での自殺であった。翌年一月二五日、谷山・鈴木両家によって葬婚式が営まれたという。二人はあの世でほんとうの夫婦になったのだ。

このあまりに痛ましく哀しい出来事に、私もついつい涙ぐんでしまった。文学ではチェホフを愛し、繊細で頭の切れる豊は、婚約者との新しい生活のことには思いいたらなかったのだろうか。「僕の自殺が、打撃となるような人も居るかも知れない」という遺書を残しているのに。

（二〇〇九年九月）

下村《しもむら》　寅太郎《とらたろう》（一九〇二～一九九五）

私には主著がない　― 数学の精神史の研究 ―

提供／共同通信社

本年（一九九五）一月二二日、下村寅太郎が逝った。次は、訃報を伝えるある新聞記事である。

「下村寅太郎氏（しもむら・とらたろう＝哲学者、日本学士院会員）二十二日午後十時五十三分、老衰のため神奈川県逗子市の自宅で死去、九十三歳。一九〇二年京都市生まれ。葬儀・告別式は故人の意志で行わない。喪主は長男克郎氏。

京大哲学科卒。西田幾多郎、田辺元両氏に師事し、哲学界の最長老だった。東京教育大名誉教授。西田哲学を基調として西洋の精神史を幅広く研究した。著書に『ルネッサンスの芸術家』、『西田幾多郎　人と思想』など。」

この記事を読むと、氏の哲学は、いわゆる文系の学問だけを対象にしているように見えるが、そうではない。他の哲学者の多くがそうであるように、氏もまた自然科学をベースとして、学の総体を対象とした。

氏の初期の研究は、ライプニッツを起点として、自然科学、とりわけ数学の哲学的研究から出発した。三〇代から四〇代半ばまでの著作を並べてみるだけでも、そのことはよくわかる。すなわち、彼の処女作は、三七歳のときの『ライプニッツ』（一九三八）で、以後三八歳の『自然哲学』（一九三九）、四〇歳の『科学史の哲学』（一九四一）、四三歳の『無限論の形成と構造』（一九四四）、四七歳の『科学以前』（一九四八）と続く。それ以後の著作では、さすがに「科学」という文字が書名からは外され、ダ・ヴィンチ、ブルクハルト、アッシジのフランシスといった人物が、そして芸術が、日本の思想が縦横に論じられている。

数学への歴史

氏の自然科学的著作は、何分にも古い本であるので、私の学生時代でも絶版品切れであった。古本屋においても見つけられなかった。そんなおり、『科学史の哲学』が昭和五〇年（一九七五）、評論社より復刻された。話題の書であるのでさっそく購入した、一通り目を通したが、当時の私には十分についていけなかった。哲学というのはむつかしいというのが印象であった。しかし、氏が言おうとしていることの大略は理解できたように思う。

氏は、ヨーロッパの「精神」を学問の中に索《もと》めようとした。学問の中でも、とくに数学—純粋数学に索め、こう自問する。「純粋数学の成立は実はきわめて稀有な歴史的個性的な事件であり、深き精神史的意義をもつのではないか。」、「数学、科学、哲学の三・一的な学問の体系を組織するヨーロッパ的学問も、数学の形成を媒介として初めて成立し得たのではないか。」と。こうして氏は、数学の精神史的意義を明らかにするために、数学をその生成において捉えようとした。「数学をその生成において考察すること、およびこれを哲学史並びに科学史との連関において考えること」、これが氏が本書で試みたことである。「数学史において、数学の歴史と数学への歴史とは区別されるべきである」というのも、印象に残った言葉である。数学を他の学問名で置き換えるならば、それぞれの学問領域でこの言葉は生きてくるであろう。数学の歴史と数学への歴史とを区別し、後者の立場に立つということは、数学がまだ誕生していない古い時代の方から現代を見るということであろう。今日、分化した名称で呼ばれる学問も、古い時代には一つであった。数学も科学も哲学も一つであった。このような立場に立てば、芸術もその対象となり、氏の研究対象が年齢とともに広がるのは自然なことであった。

主著がないのに著作集なんて

私は氏の謦咳《けいがい》に接したことは一度もないのだが、もう数年前のことになるだろうか。朝日新聞の文化欄に『著作集』刊行を前にした氏の近況を伝える記事が載った。私はやっと『著作集』が出るのかという思いと氏の謙虚な人柄に惹かれるものを感じた。氏はときに八〇代半ば、すでに著作は三〇点に達していたが、「いまだに主著がない、主著がないのに著作集なんて」とこれまで固辞してきたらしいのだ。そういう氏も弟子たちが著作集を出してくれることに喜びをかみしめているようであった。

やがて、一九八八年（昭和六三）より『下村寅太郎著作集』全一三巻がみすず書房から刊行され始めた。A五判上製、各巻約五〇〇頁、貼箱入りの立派な著作集であった。私は、全巻購入するのはやめにして―どこかの図書館が購入するだろうから―、第一巻と第二巻のみを購入することにした。それというのも、この二巻に自然科学的著作が全て収められていたからである。第一巻は「数理哲学・科学史の哲学」の名のもとに、先に述べた単行本として発表された著作が全て収められていた。第二巻は「近代科学史論」の名のもとに、学術雑誌などに発表された論考が収められていた。配本が第一巻から順を追っていないので、しかも何カ月かに一冊のゆっくりした配本であったので、この二巻を入手するのに相当の時間がかかった。

精神史としての科学史

哲学者にとって、いやどんな学問の研究者にとってもそうであろうが、著書・論文として発表すれば、その本人からすれば、それは思索の残骸であろう。氏は『著作集』が出るようになっても、「私はこれから主著を書かなくてはならない。現在はそれの準備をしているところ」とこともなげに言われていたという。その主著の題目は「精神史としての科学史」だった。九〇歳になりなんとする年齢になってもこの情熱である。

この主著は達成されなかったが、立派な『著作集』を遺して、氏は逝った。享年九三歳。

（一九九五年五月）

下平《しもだいら》　和夫《かずお》（一九二八〜一九九四）

紐を使って手品 ― 和算の研究と普及に ―

提供／下平喜代子氏

「下平先生が亡くなったのですね。新聞に載っていました」と数学の同僚から突然知らされた。瞬間まさかと疑ったが、見ると間違いなかった。

下平和夫氏は、国士館大学教授で日本数学史学会会長の肩書を持つ。私はとりたてて同氏をよく存じあげているわけでもない。ただ氏が徳島に来られ、二度にわたって講演されたとき、ともに聴講に行き、あとの氏を囲む懇親会にも同席しただけである。昨年（一九九三）暮れの二度目の講演会でもとてもお元気そうであったし、本年（一九九四）一月一八日付けでいただいた私信の内容を見ても、亡くなるなど思いもしなかった。新聞によると、本年三月七日、心不全にて亡くなったという。享年六七歳。

鳴門教育大学での講演会

二度にわたる講演会は、鳴門教育大学数学教室主催で、同教室の田中昭太郎教授の招きによって実現した。一回目は一九九一年（平成三）一一月三〇日に、二回目は一九九三年（平成五）一一月二七日に、いずれも「算数・数学教材の発掘─和算から─」と題して行なわれた。同教室数学教室の教官・院生を中心として、数人の部外者を加えて、二〇人余りのこじんまりした講演会であった。私は部外者の一人であった。

氏は、「算数や数学が一部の特権階級に私物化されていたのではなく、江戸時代に生きた人たちのすみずみまで広く共有されていたこと」、「日本人は『万葉集』の時代から今にいたるまで、掛け算の九九を日常茶飯事に言葉遊びに使っており、鎌倉・室町の五山文学、江戸時代の戯作、川柳、狂歌なども、算数の知識なしにはきちんと理解することは不可能であること」などを具体例を引きながら、面白くわかりやすく話された。

あとの懇親会でも、長身でがっちりした体格の氏は、若いときにはスポーツマンとして活躍したことなど話された。背筋はつねにぴんと伸びておられた。また紐を使った手品を披露されるなど、ユーモアに富んだ一面も見せていただいた。和算の研究と普及のためなら、全国どこへでも出かけていき、無償で講演するということであった。

『日本人の数学感覚』

私は、それまで同氏のお名前だけはよく存じあげていたが、近くに同席し、お話を伺うのは初めてであった。同氏の著書を一冊も持ち合わせていなかった。書棚を探すと、『数学史研究の手引き』（日本数学史学会編、一九七二）の中に、同氏の論考を一編見つけた。講演会の席に、『数学書を中心とした和算の歴史』二冊（富士短期大学出版部、一九六五・七〇）と『日本人の数学感覚』（ＰＨＰ、一九八六）を持って来られていた。

あとの本は版元品切れであったが、図書館にはあった。専門書ではなく一般向けの普及書で、講演内容とほぼ同じであった。新書サイズで分量も手ごろで、語りかける口調でわかりやすく書かれているので、一気に読みおえることができた。

数学史研究の一六の課題

まず、本書に記された著者紹介によると、「一九二八年東京に生まれる。一九四七年都立工専電気科卒業。一九五七年東京教育大学数学科卒業。この時、細井淙先生に師事し、和算の研究に入る。一九六七年日本大学大学院修士課程数学専攻修了。学術博士」とある。本文に一カ所だけ、和算の内容ではなく、和算との出会いについて触れたところがあった。

それによると、氏が中学生であった一九四五年（昭和二〇）、親類の家で山のようにある色々な文学全集を一冊一冊借り出しているうちに、ポケット判の「日本古典全集」の中に、『古代数学集』二冊（一九二七）を見つけたという。小学校の国語の授業で担任の先生より関孝和の話を聞いてはいたが、具体的内容は教わっていなかった。この本を「はじめて読んだ時の驚きと戸惑いは大変なものでした」、「江戸時代のはじめに、日本人がこんな奇妙な数学の本を著述していたのかと考えますと、何が何だかさっぱりわからなくなりました」と述べている。さらに「『割算書』、『諸勘分物』、そして『塵劫記《じんこうき》』は特に面白く感じて、繰り返し読みました」と述べている。

下平和夫氏のその後の和算研究に、この『古代数学集』との出会いが少なからぬ影響を与えていると感じた。先の『数学史研究の手引き』の氏の論考の末尾には、数学史研究の今後の課題として一六の課題が掲げられている。私などにはこれらの課題の現状がどうなのか答えるすべもないが、少なくともそのいくつかについては氏自らが明らかにしていったことは間違いないだろう。私宛の最後の私信にも「小生の対数表の件、当時の対数表といくつかの違いがあるはずです。この辺の研究は今後の課題だと存じます」と書かれていた。氏の和算にかける情熱が徳島の地にも伝わったのか、鳴門教育大学でも数学史の講義が行なわれるようになったと聞く。

（一九九四年六月）

あとがき

これまで、科学者の生家跡、記念館、石碑、銅像、墓などゆかりの地を巡り歩いて、紀行エッセー風の本にまとめてきた。

第一作は日本人の男性科学者を扱った『西国科学散歩（上・下）』と『東国科学散歩』（ともに裳華房）、第二作は日本人の女性科学者を扱った『理系の扉を開いた日本の女性たち―ゆかりの地を訪ねて―』（新泉社）、そして第三作は西洋人の科学技術者を扱った『知っていますか？西洋科学者ゆかりの地　IN　JAPAN（PARTⅠ・Ⅱ）』（恒星社厚生閣）であった。

第四番目の本書では、日本人の数学者を扱う。ただ、これまでの三作とはスタイルが異なっている。これまでの三作はいわゆる紀行エッセー風であったのに対して、今作の中心は、辞典的記述の紹介記事となった。

それは、この元原稿の違いのためである。元原稿は、一編を除いて、「日本の数学者のふるさと」と題して、『数学セミナー』（日本評論社）で二〇〇五年四月から二〇〇九年九月まで、途中二年の間をおいて三〇回連載した記事である。この連載では、毎回一頁、現地写真付きの辞典的記述で三〇人の数学者ゆかりの地を紹介した。この元原稿をこれまでのような紀行エッセー風に新たに書き改めることも考えたが、当時の現地でのメモや写真はあるにしても、時が流れ過ぎると新鮮な気持ちを失い、困難に思えた。ただ六人については、他誌で発表した紀行エッセー風の記事があったので、重複はするが、互いに相補い合う関係になればと思い付け加えることにした。他に二人の追悼エッセーと併せて、取り上げた人物は三三人となった。

辞典的記述の記事については、なるべく現地の写真を大きく入れて、石碑・案内板の文面も新たに採録し、現地を楽しく見ていただけるように心がけた。ただ取り上げ方は、頁数の制限もあるので人物によって、かなりの差が出てきた。人選については、とくに厳密な方針はなく、折々の事情で決まった。著者好みの人物もいるが、大筋では、数学史にそびえる人物を取り上げられたのではないかと思っている。なおさらに利用の便を高めるために、その他の人物も含めて、巻末にはゆかりの地一覧と和洋数学史年表を付けておいた。

本書により日本の数学者や和算への関心が少しでも高まり、各地にある史跡巡りへのガイドになれば、著者として嬉しい。現地には現地ならではの風土があって、書物だけでは得られない何かが訪問者それぞれに得られるであろう。数学のこんな楽しみ方があってもよいだろうと思う。ただ本書で取り上げた訪問先には、訪れたのが二〇年以上も前のものもあって、現在では、現地の配置や状況が変わっているところがあろう。そのことを踏まえて、ご自身でお調べの上でお出かけいただきたい。

本年一月、石原侑先生がお亡くなりになった。著者がこのような科学散歩を行なうようになったのは、先生の影響が少なからずあったと思っている。同先生のご冥福をお祈りし、本書を捧げたい。

本書をまとめるにあたっては、多くの人のお世話になっている。資料や写真をご提供くださった多くの皆様、またとくに、校正原稿に目を通してくださり、ご意見をくださった三原茂雄氏に感謝を申し上げたい。元原稿を発表する機会を与えてくださった『数学セミナー』編集部の西川雅祐氏（当時）、入江孝成氏、ほか皆様にも厚くお礼を申し上げたい。

今回もまた恒星社厚生閣の小浴正博氏のご理解を得て、同社から刊行の運びとなった。編集をご担当くださった白石佳織氏は、写真・文章のレイアウトと校正から、掲載写真の許諾手続きにいたるまで、万端丁寧に仕事をしていただいた。両氏に深く感謝の意を表す次第である。

二〇一六年五月

著　者

第12回　中村　六三郎　　　第48巻第3号，59（2009年3月）
第13回　武田　丑太郎　　　第48巻第4号，41（2009年4月）
第14回　剣持　章行　　　第48巻第5号，48（2009年5月）
第15回　藤田　貞資　　　第48巻第6号，86（2009年6月）
第16回　最上　徳内　　　第48巻第7号，39（2009年7月）
第17回　谷山　豊　　　第48巻第8号，57（2009年8月）
第18回　日下　誠　　　第48巻第9号，60（2009年9月）

『月刊天文』（月刊、地人書館）に、「日本天文学者史跡アルバム」として、2001年4月から2006年6月まで5年間60回連載し、60人の人物を取り上げた。このうち1人のみ、本書に収めた。
第30回　阿部　有清　　　第69巻第9号，87（2003年9月）

●紀行エッセー

次の各誌に掲載された。

関　孝和　『科学技術ジャーナル』第14巻，第5号，54-56（2005年5月）
岡　潔　『科学技術ジャーナル』第15巻，第3号，54-56（2006年3月）
桂田　芳枝　『ミクロスコピア』第25巻，第4号，85-87（2008年11月）
谷山　豊　『ミクロスコピア』第26巻，第3号，68-70（2009年9月）
下平　和夫　『徳島教育』第987号，44-45（1994年6月）
下村　寅太郎　『徳島教育』第998号，70-71（1995年5月）
三上　義夫　『徳島教育』第1052号，60-63（1999年11月）
小倉　金之助　『徳島教育』第1054号，60-62（2000年1月）

なお、エッセーの桂田芳枝と小倉金之助は、それぞれ『理系の扉を開いた日本の女性たち－ゆかりの地を訪ねて－』（新泉社，2009）と『東国科学散歩』（裳華房，2004）に収められているが、出版元の許諾を得て再録した。

初出一覧

●ゆかりの地

『数学セミナー』（月刊、日本評論社）に、「日本の数学者のふるさと」として、2005年4月から2006年3月まで1年間12回と、2008年4月から2009年9月まで1年半18回、あわせて30回連載し、30人の人物を取り上げた。

【正編】

第1回	岡　潔	第44巻第4号，13（2005年4月）
第2回	佐久間　庸軒	第44巻第5号，64（2005年5月）
第3回	吉田　光由	第44巻第6号，59（2005年6月）
第4回	細川　藤右衛門	第44巻第7号，67（2005年7月）
第5回	毛利　重能	第44巻第8号，59（2005年8月）
第6回	小出　長十郎	第44巻第9号，26（2005年9月）
第7回	三上　義夫	第44巻第10号，49（2005年10月）
第8回	安島　直円	第44巻第11号，65（2005年11月）
第9回	小倉　金之助	第44巻第12号，73（2005年12月）
第10回	会田　安明	第45巻第1号，40（2006年1月）
第11回	高木　貞治	第45巻第2号，56（2006年2月）
第12回	関　孝和	第45巻第3号，41（2006年3月）

【続編】

第1回	千葉　胤秀	第47巻第4号，47（2008年4月）
第2回	菊池　大麓	第47巻第5号，75（2008年5月）
第3回	石黒　信由	第47巻第6号，82（2008年6月）
第4回	五十嵐　豊吉	第47巻第7号，65（2008年7月）
第5回	杉　亨二	第47巻第8号，39（2008年8月）
第6回	狩野　亨吉	第47巻第9号，37（2008年9月）
第7回	林　鶴一	第47巻第10号，53（2008年10月）
第8回	桂田　芳枝	第47巻第11号，57（2008年11月）
第9回	山口　和	第47巻第12号，60（2008年12月）
第10回	福田　理軒	第48巻第1号，46（2009年1月）
第11回	柳　楢悦	第48巻第2号，45（2009年2月）

和洋数学史年表

年次	日本の数学	世界の数学
前6C		ピタゴラス　ピタゴラスの定理
前4C		ユークリッド『原論』
前3C		アルキメデス　円周率πの近似計算（$3\frac{10}{71} < \pi < 3\frac{1}{7}$）
前3C		アポロニウス　円錐曲線論 3333
前1C		ヘロン　ヘロンの三角形
1C		『九章算術』
5C		パッポス『数学全書』
九七〇	源為憲「口遊」九九の表	
一二〇二		フィボナッチ『算盤の書』
一五三五		タータリア　三次方程式の解法の発見
一五四三		カルダーノ『代数に関する大技術』（三次方程式の解法）
一五七二		ベンベリ『代数学』（虚数の導入）
一六〇〇	この頃、『算用記』（最古の刊本数学書、著者、年代不明）	
一六一四		ネーピア『驚くべき対数法則の記述』（初めて対数表）
一六一五		ケプラー『酒樽の立体幾何』（回転体の体積）
一六二二	毛利重能『割算書』	
一六二四		ブリッグス『常用対数表』（小数第一四位まで）
一六二七	吉田光由『塵劫記』（三巻本）	
一六二九	吉田光由『塵劫記』（五巻本）刊	
一六三七		デカルト『幾何学』（『方法序説』の付録）解析幾何学を創始
一六四〇		パスカル『円錐曲線論』
一六五五		ウォリス『無限算術』（求積法を解析化）
一六六五		ニュートン　二項定理
一六七一		ニュートン「流率と無限級数の方法」微積分法の発見
一六七一		ライプニッツ　加減乗除の計算機の製作
一六七四	関孝和『発微算法』刊	
一六八三	関孝和『解伏題之法』（稿）行列式が現れる（一九一〇年林鶴一が発見）	
一六八五	建部賢弘『発微算法演題諺解』四巻刊	
一六八六		ライプニッツ　積分法
一六八七		ニュートン『自然哲学の数学的諸原理』

和洋数学史年表

一六八九		ヤコブ・ベルヌイ　無限級数の研究
一六九〇	建部賢弘『算学啓蒙諺解大成』七巻刊	ヨハン・ベルヌイ　最速降下線の研究（変分法の先駆）
一六九六		ヨハン・ベルヌイ　変分法を創始
一七〇一		
一七一〇	建部賢弘『大成算経』二〇巻完成	
一七一二	関孝和『括要算法』刊	
一七一五		テイラー　級数展開の定理
一七四二		マクローリン　級数展開に関する研究
一七四八		オイラー『無限解析概論』
一七五三		オイラー『球面三角法の基礎』
一七六九	有馬頼徸『拾璣算法』五巻刊	
一七七五	千葉桃三『算法少女』	
一七八一	藤田貞資『精要算法』三巻刊　教科書として普及	
一七八五	会田安明『当世塵劫記』『改精算法』刊、この年から関流と最上流の論争始まる	
一七八八		ラグランジュ『解析力学』
一七九四	この頃　安島直円　二重積分を完成	モンジュ　画法幾何学の創始
一七九五		ガウス　最小二乗法の発見
一七九五		モンジュ『解析学の幾何学への応用』
一七八六		ガウス　複素数の幾何学的表示
一七九八		ルジャンドル『整数論試論』
一八〇一		ガウス『整数論研究』（整数論、行列式の計算）
一八〇六		アルガン　複素数の図式法
一八〇七		フーリエ　フーリエ級数の理論
一八〇八		ガウス　誤差論
一八一〇	会田安明『算法天生法指南』五巻刊	
一八一二		ラプラス『解析的確率論』（近代確率論の先駆）
一八一二		ガウス　超幾何級数論
一八一九	石黒信由『算学鉤致』刊	
一八二一		コーシー『解析学教程』
一八二四		ベッセル　惑星運動の研究からベッセル関数
一八二五	和田寧『異円算法』（稿）（宝珠円・卵円などを説く）	コーシー　複素変数関数論
一八二六		アーベル　五次以上の高次方程式の代数的解法の不可能の証明

年次	日本の数学	世界の数学
一八二六		ロバチェスキー　非ユークリッド幾何学の発見
一八二九		ヤコービ『楕円関数要論』
一八三〇	千葉胤秀『算法新書』五巻（明治末期まで何回も改版）	
一八三二		ガロア　群論の基礎
一八三五		ロバチェフスキー　非ユークリッド幾何学の建設（〜三八）
一八三九		ディリクレ　整数論を微積分学に関係づける
一八四一		ヤコービ　行列式論
一八四二	小出長十郎『円理算経』（稿）	
一八四三		ハミルトン　四元数の発見
一八四四	小出長十郎『算法対数表』	
一八四七		ブール『論理の数学的分析』
一八四九	剣持章行『算法開蘊』	
一八五三	剣持章行『量地円起方成』二巻刊	
一八五四	佐久間庸軒『当用算法』	リーマン「幾何学の基礎をなす仮設」の講演（非ユークリッド幾何学の建設）
一八五七	福田理軒『西算速知』	
一八六六		ヤコービ　ハミルトン・ヤコービの偏微分方程式
一八七〇		クロネッカー　群論の公理的組織を示す
一八七一	文部省創設	
一八七二	学制発布	デデキント『連続性と無理数』
一八七三	文部省付達により、小学校で洋算と和算を兼学させてよいことになる	エルミート　eの超越性を証明
一八七四	文部省付達により、小学校で洋算と和算どちらでもよいことになる	
一八七七	東京数学会社設立、『東京数学会社雑誌』創刊、東京大学開学	
一八七九		カントール　古典集合論を完成
一八八二		リンデマン　πが超越数であることを証明
一八八六		ヴァイエルシュトラス　楕円関数論の研究
一八八八	菊池大麓『初等幾何学教科書』	
一八八九		ソーニャ・コワレフスカヤ　ロシア初の女性大学教授
一八九〇	上野清　東京数学院を設立	
一八九三	藤沢利喜太郎　楕円関数の乗法に関する研究	フレーゲ『数論の原則』（〜一九〇三）
一八九四	五十嵐豊吉　仙台数学院の設立（東京数学院の分院）	
一八九五		ポアンカレ『位相幾何学』
一八九六		ヒルベルト「ガロア体の理論について」
一八九七		第一回国際数学者会議（チューリッヒ）

和洋数学史年表

一九〇一		ルベーグ　ルベーグ積分の概念
一九〇七		ヴェダーバーン　多元数の構造論
一九〇八		ミンコフスキー　四次元世界の概念
一九一〇		ラッセル、ホワイドヘッド『数学原理』全三巻（〜一三）
一九一一	林鶴一編集『東北数学雑誌』創刊（わが国初の数学専門雑誌）	
一九一六	牧田らく　女性として初の理学士（東北帝大、ほか二名と）	
一九二〇	高木貞治　類体論	
一九二二	三上義夫『文化史上より見たる日本の数学』	
一九二八		ゲルファント　超越数の研究　e^{π}は無理数の証明
一九二九	小倉金之助「階級社会の算術」	
一九三一	彌永昌吉　一般単項化の定理（代数的整数論）	ゲーデル　不完全性定理　ゲーデル数の導入
一九三一	末綱恕一　解析的整数論	
一九三二		アレキサンドロフ　代数的位相幾何学の研究
一九三六	岡潔　多変数解析関数の理論（〜一九六二）	第一回フィールズ賞
一九三六	位相幾何学談話会創立	
一九三七	テンソル学会創立	
一九四四		ノイマン、モンゲンシュテルン『ゲームの理論と経済的行動』
一九四五		シュワルツ　超関数の理論
一九四六	日本数学会成立	
一九四八	吉田耕作　線形作用素の一パラメータ半群の理論	シャノン『通信の数学的理論』
一九五〇	桂田芳枝　数学で女性として初の理学博士（北大、高次空間の非ホロム系）	
一九五〇	小平邦彦　調和積分論	
一九五二		モントゴメリー　ヒルベルトの第五問題を解決
一九五五	谷山豊　谷山予想	
一九六三	京都大学に数理解析研究所を設置	
一九六四	広中平祐　大数多様体の特異点の還元を証明	
一九六六	東京大学に大型計算機センターを設置	
一九七六		ハーケン、アペル　コンピュータにより四色問題を証明
一九七九		スロウィンスキー、ネルソン　超高速コンピュータで一三三九五桁の素数を発見
一九八六	森重文　三次元代数多様体の極小モデルの存在証明	

注：参考図書案内で取り上げた年表等をもとに作成

史跡種別	所在施設	都府県	所在地
屋敷跡		岡山	浅口市金光町
墓	絵師迫墓地	岡山	津山市金光町
胸像	津山洋学資料館	岡山	津山市西新町 5
記念碑	甲立小学校	広島	安芸高田市甲田町上甲立 433
旧居	理窓院境内	広島	安芸高田市甲田町上甲立 7125
墓	上石墓地	広島	安芸高田市甲田町上石
記念碑	平和大通り沿い	広島	広島市中区中町
記念碑		山口	下松市花岡戎町 398
記念碑	桜のトンネル	山口	岩国市岩国
墓	洞光寺	島根	松江市新町 832
墓	善学寺	徳島	徳島市寺町 17
墓	長善寺	徳島	徳島市寺町 8
墓	福蔵寺	徳島	徳島市佐古 2 番町 8-4
記念碑	城南高校	徳島	徳島市城南町 2-2-88
墓	万年山	徳島	徳島市南佐古 4 番町
記念碑	万年山	徳島	徳島市南佐古 4 番町
墓		徳島	三好市山城町引地
墓		徳島	三好市三野町勢力
生家	四国民家博物館	香川	高松市屋島中町 91
生家跡		香川	東かがわ市馬宿 243
墓		香川	東かがわ市馬宿 242-2
展示室	郷土博物館	香川	坂出市本町 1-1-24
銅像（胸像）	西条高校	愛媛	西条市明屋敷 234
墓	船屋地蔵堂	愛媛	西条市船屋
記念碑	十市小学校	高知	南国市緑ケ丘 1 丁目 2001
墓	細川家墓地	高知	南国市十市
墓	西教寺	福岡	福岡市早良区東入部 448
墓	梅林寺	佐賀	佐賀市本庄町西川内
記念碑	見借庚申社	佐賀	唐津市見借
銅像（胸像）	長崎公園	長崎	長崎市立山 1-1
記念碑	長崎公園	長崎	長崎市立山 1-1
生家跡		大分	国東市武蔵町

墓の所在地も不明だったので、ほとんど取り上げていない。墓の所在地を身内の方に問い合わせることはしていない。

⑥よみについては、訓読み、音読みのいずれかによった。

⑦人物一言については、明治以前の人物はすべて和算家になるが、とくに際だつ人物については、著書名などを挙げた。明治以降の人物については専門分野を挙げた。

⑧未訪問のところが多いので、ご自身でお確かめの上、お出かけ願いたい。

日本数学者ゆかりの地　銅像・記念碑・墓碑等一覧

人名	よみ	生没年	人物一言
小野　光右衛門	おの　みつえもん	1875 ～ 1858	暦算家
小野　光右衛門	おの　みつえもん	1875 ～ 1858	暦算家
小野　光右衛門	おの　みつえもん	1875 ～ 1858	暦算家
三上　義夫★	みかみ　よしお	1875 ～ 1950	数学史
三上　義夫★	みかみ　よしお	1875 ～ 1950	数学史
三上　義夫	みかみ　よしお	1875 ～ 1950	数学史
三上　義夫★	みかみ　よしお	1875 ～ 1950	数学史
弘　鴻	ひろ　ひろし	1829 ～ 1903	数学教育家
広中　平祐	ひろなか　へいすけ	1931 ～	代数幾何学
藤岡　有貞	ふじおか　ありさだ	1820 ～ 1849	和算家
小出　長十郎★	こいで　ちょうじゅうろう	1797 ～ 1865	和算家・暦学者
阿部　有清★	あべ　ありきよ	1821 ～ 1897	和算家
武田　丑太郎★	たけだ　うしたろう	1859 ～ 1917	数学教育
武田　丑太郎★	たけだ　うしたろう	1859 ～ 1917	数学教育
吉川　実夫	よしかわ　じつお	1878 ～ 1913	複素関数論
吉川　実夫	よしかわ　じつお	1878 ～ 1913	複素関数論
山本　柳亭	やまもと　りゅうてい	？ ～ 1837	和算家
横関　一馬	よこぜき　かずま	？ ～ ？	和算家
久米　通賢☆	くめ　つうけん	1780 ～ 1841	測量家
久米　通賢☆	くめ　つうけん	1780 ～ 1841	測量家
久米　通賢☆	くめ　つうけん	1780 ～ 1841	測量家
久米　通賢☆	くめ　つうけん	1780 ～ 1841	測量家
金子　元太郎☆	かねこ　もとたろう	1867 ～ 1924	数学教育
金子　元太郎☆	かねこ　もとたろう	1867 ～ 1925	数学教育
細川　藤右衛門★	ほそかわ　とうえもん	1896 ～ 1945	波動幾何学
細川　藤右衛門★	ほそかわ　とうえもん	1896 ～ 1945	波動幾何学
大穂　能一	おおほ　のういち	1819 ～ 1871	和算家
有馬　頼徸	ありま　よりゆき	1714 ～ 1783	『拾璣算法』の著者
宗田　運平	そうだ　うんぺい	1787 ～ 1970	暦算家
杉　亨二★	すぎ　こうじ	1828 ～ 1917	日本近代統計学の祖
中村　六三郎★	なかむら　ろくさぶろう	1841 ～ 1907	教育者
末綱　恕一	すえつな　じょいち	1898 ～ 1970	整数論・数学基礎論

備考

①★印は、本書で取り上げたことを示す。☆印は訪問済み。

②その他の人物については、書籍検索、ネット検索で得られた情報をもとに、取り上げた。

③測量、暦学など応用数学の分野で貢献した人物も取り上げた。

④墓だけでいえば、無名の和算家がもっとたくさんいるはずであるが、切りがないので省略した。

⑤20世紀の著名な数学者をもっと取り上げたかったが、顕彰碑、胸像などの情報は得られず、

史跡種別	所在施設	都府県	所在地
記念碑	開智公園	長野	松本市開智 2-6
記念碑		長野	埴科郡坂城町
記念碑	新潟県立図書館	新潟	新潟市中央区女池南 3-1-2
記念碑	国分寺	新潟	上越市五智 3-20-21
記念碑	直江津郵便局向かい	新潟	上越市中央 2-8
墓	国分寺	新潟	上越市五智 3-20-21
記念碑	水原八幡宮	新潟	阿賀野市外城町 14-21
記念碑	船岡公園	新潟	小千谷市船岡山
墓	極楽寺	富山	富山市梅沢町 3-12-25
記念碑	高木農村公園	富山	射水市高木
記念室	射水市新湊博物館	富山	射水市鏡宮 299
墓	伝燈寺	石川	金沢市伝燈寺町ハ 179
記念碑	尾山神社	石川	金沢市尾山町 11-1
墓	妙慶寺	石川	金沢市野田町 1-1-12
墓	立像寺	石川	金沢市寺町 4-1-2
墓	観音院	石川	金沢市東山 1-38-1
記念碑	公民館前	岐阜	不破郡垂水町岩手
旧宅		岐阜	不破郡垂水町岩手
銅像（胸像）	糸貫中学校	岐阜	本巣市三橋 1101-8
記念室	糸貫老人福祉センター	岐阜	本巣市三橋 1101-6
墓	蓮光寺	静岡	沼津市三芳町 1-23
墓	光西寺	静岡	焼津市下小田 150
記念碑	宝正院	愛知	名古屋市中区大須 2-21-47
銅像（胸像）	高棚小学校	愛知	安城市高棚町蛭田 44
墓	偕楽霊園阿弥陀寺	三重	津市観音寺町
記念碑		三重	員弁郡東員町大字中上
記念碑		三重	員弁郡東員町大字南大社
墓	共同墓地	三重	員弁郡東員町大字南大社
記念碑	常寂光寺	京都	右京区嵯峨小倉山小倉町 3
墓	南禅寺正因庵	京都	左京区南禅寺福地町
銅像（座像）	パナソニック中央研究所	大阪	門真市門真
墓	神戸市営追谷墓地	兵庫	神戸市中央区神戸港地方字堂徳山
算学神社	熊野神社	兵庫	西宮市熊野町 3-26
記念碑	熊野神社	兵庫	西宮市熊野町 3-26
記念碑	青山歴史村	兵庫	篠山市北新町 48
記念碑	長久寺	兵庫	明石市日富美町 13-15
岡文庫	奈良女子大学	奈良	奈良市北魚屋東町
墓	寺山霊苑	奈良	奈良市白亳寺町 984-3
記念室	橋本市郷土資料館	和歌山	橋本市御幸辻 786
石柱		和歌山	橋本市柱本
顕彰碑	橋本市役所	和歌山	橋本市東家 1-1-1

日本数学者ゆかりの地　銅像・記念碑・墓碑等一覧

人名	よみ	生没年	人物一言
中島　這棄	なかじま　これすけ	1827 ～ 1912	和算家
柳沢　重次郎	やなぎさわ　じゅうじろう	1859 ～ 1909	和算家
長沼　吉三郎	ながぬま　きちさぶろう	？ ～ 1945	珠算家
小林　百哺	こばやし　ひゃっぽ	1804 ～ 1887	和算家
小林　百哺	こばやし　ひゃっぽ	1804 ～ 1887	和算家
小林　百哺	こばやし　ひゃっぽ	1804 ～ 1887	和算家
山口　和★	やまぐち　かず	1781? ～ 1850	遊歴和算家
佐藤　雪山	さとう　せつざん	1814 ～ 1859	和算家
中田　高寛	なかだ　たかのり	1739 ～ 1802	和算家
石黒　信由★	いしぐろ　のぶよし	1760 ～ 1836	和算家・測量家
石黒　信由★	いしぐろ　のぶよし	1760 ～ 1836	和算家・測量家
本多　利明	ほんだ　としあき	1743 ～ 1821	和算家・経世家
関口　開	せきぐち　ひらき	1842 ～ 1884	最初の洋算家
関口　開	せきぐち　ひらき	1842 ～ 1884	最初の洋算家
関　孝和	せき　たかかず	1642? ～ 1708	関流和算の開祖
関　孝和	せき　たかかず	1642? ～ 1708	関流和算の開祖
神田　孝平	かんだ　たかひら	1830 ～ 1898	東京数学会社初代社長
神田　孝平	かんだ　たかひら	1830 ～ 1898	東京数学会社初代社長
高木　貞治★	たかぎ　ていじ	1875 ～ 1960	類体論
高木　貞治★	たかぎ　ていじ	1875 ～ 1960	類体論
中村　六三郎★	なかむら　ろくさぶろう	1841 ～ 1907	教育者
古谷　定吉	ふるや　さだきち	1815 ～ 1888	和算家
関　孝和	せき　たかかず	1642? ～ 1708	関流和算の開祖
石川　喜平	いしかわ　きへい	1784 ～ 1852	和算家
村田　佐十郎☆	むらだ　さじゅうろう	？ ～ 1870	和算家
藤谷　万次郎	ふじたに　まんじろう	1853 ～ 1920	珠算家
一色　正芳	いっしき　しょうほう	1747 ～ 1821	和算家
一色　正芳	いっしき　しょうほう	1747 ～ 1821	和算家
吉田　光由★	よしだ　みつよし	1598 ～ 1672	『塵劫記』の著者
小堀　憲☆	こぼり　あきら	1904 ～ 1992	複素解析学
関　孝和★	せき　たかかず	1642? ～ 1708	関流和算の開祖
金山　らく	かなやま　らく	1888 ～ 1997	数学初の女性学士
毛利　重能★	もうり　しげよし	不詳	『割算書』の著者
毛利　重能★	もうり　しげよし	不詳	『割算書』の著者
万尾　時春	まお　ときはる	1683 ～ 1755	和算家
大島　喜侍	おおしま　きじ	？ ～ 1733	和算家
岡　潔	おか　きよし	1901 ～ 1978	多変数複素関数論
岡　潔★	おか　きよし	1901 ～ 1978	多変数複素関数論
岡　潔★	おか　きよし	1901 ～ 1978	多変数複素関数論
岡　潔★	おか　きよし	1901 ～ 1978	多変数複素関数論
岡　潔	おか　きよし	1901 ～ 1978	多変数複素関数論

史跡種別	所在施設	都府県	所在地
墓	浅見家の墓地	埼玉	飯能市虎秀 182
墓	清善寺	埼玉	行田市忍 2-8-18
記念碑	川本公民館	埼玉	深谷市菅沼 1009
墓	善応寺	埼玉	加須市騎西 1156
記念碑	個人宅前	埼玉	比企郡滑川町月輪
墓	鏑木共同墓地	千葉	旭市鏑木 908
記念碑	鏑木共同墓地	千葉	旭市鏑木 908
記念碑	明王院	東京	足立区梅田町
墓	本門寺内善国寺	東京	大田区池上 1-1-1
銅像（胸像）	順天学園新田キャンパス	東京	北区王子本町 1-17-13
墓	浄輪寺	東京	新宿区弁天町 96-1
墓	西應寺	東京	新宿区須賀町 11-4
墓	多宝院	東京	台東区谷中 6-2-35
墓	谷中霊園	東京	台東区谷中 7-5-24
墓	谷中霊園	東京	台東区谷中 7-5-24
墓	谷中霊園	東京	台東区谷中 7-5-24
墓	威光院	東京	台東区寿 2-6-8
墓	世尊寺	東京	台東区根岸 3-13-32
記念碑	浅草寺	東京	台東区浅草 2-3-1
墓	願龍寺	東京	台東区西浅草 1-2-1
墓	染井霊園	東京	豊島区駒込 5-5-1
墓	染井霊園	東京	豊島区駒込 5-5-1
墓	桂林寺	東京	豊島区目白台 3
墓	龍興寺	東京	中野区上高田 1-2-12
記念碑	得生院	東京	練馬区練馬 4-25-3
墓	連光寺	東京	文京区向丘 2-28-3
銅像（胸像）	東京大学数学科	東京	文京区本郷 7
墓	金地院	東京	港区芝公園 3-5-4
墓	青山霊園	東京	港区南青山 2-32-2
墓	瑠璃光寺	東京	港区東麻布 1-1-3
墓	常林寺	東京	港区三田 4-5-14
墓	西應寺	東京	新宿区須賀町 11-4
墓	多磨霊園	東京	府中市多磨町 4
墓	多磨霊園	東京	府中市多磨町 4
墓	多磨霊園	東京	府中市多磨町 4
墓	多磨霊園	東京	府中市多磨町 4
墓	多磨霊園	東京	府中市多磨町 4
墓	多磨霊園	東京	府中市多磨町 4
墓	多磨霊園	東京	府中市多磨町 4
墓	多磨霊園	東京	府中市多磨町 4
記念碑	松厳寺	長野	長野市鬼無里 320
記念碑	旧・鬼無里小学校	長野	長野市鬼無里 77

日本数学者ゆかりの地　銅像・記念碑・墓碑等一覧

人名	よみ	生没年	人物一言
千葉　歳胤	ちば　としたね	1713 ～ 1789	和算家
吉田　庸徳	よしだ　ようとく	1844 ～ 1880	和算家
藤田　貞資	ふじた　さだすけ	1734 ～ 1807	『精要算法』の著者
谷山　豊★	たにやま　ゆたか	1927 ～ 1958	谷山予想
内田　往延	うちだ　ゆきのぶ	1843 ～ ?	和算家
剣持　章行★	けんもつ　あきよし	1790 ～ 1871	遊歴和算家
剣持　章行★	けんもつ　あきよし	1790 ～ 1871	遊歴和算家
小泉　理永	こいずみ　りえい	1778 ～ 1884	和算家
川北　朝鄰	かわきた　ともちか	1840 ～ 1919	和算家
福田　理軒★	ふくだ　りけん	1815 ～ 1889	順天塾堂の創設
関　孝和★	せき　たかかず	1642? ～ 1708	関流和算の開祖
内田　五観	うちだ　いつみ	1805 ～ 1882	和算家
日下　誠★	くさか　まこと	1764 ～ 1839	和算家
菊池　大麓★	きくち　だいろく	1855 ～ 1917	数学行政家
神田　孝平	かんだ　たかひら	1830 ～ 1898	東京数学会社初代社長
藤沢　利喜太郎	ふじさわ　りきたろう	1861 ～ 1933	数学教育者
坂部　広胖	さかべ　こうはん	1759 ～ 1824	和算家
船山　輔之	ふなやま　すけゆき	1738 ～ 1804	暦算家
会田　安明★	あいだ　やすあき	1747 ～ 1817	最上流和算の開祖
柳河　春三	やながわ　しゅんさん	1832 ～ 1870	『洋算用法』の著者
杉　亨二★	すぎ　こうじ	1828 ～ 1917	日本近代統計学の祖
遠藤　利貞	えんどう　としさだ	1843 ～ 1915	数学史家
本多　利明	ほんだ　としあき	1743 ～ 1821	和算家・経世家
建部　賢弘	たけべ　かたひろ	1664 ～ 1739	関流和算家
岡田　章	おかだ　あきら	1915 ～ 1995	数学教育者
最上　徳内★	もがみ　とくない	1755 ～ 1836	探検家・測量家
高木　貞治	たかぎ　ていじ	1875 ～ 1960	類体論
会田　安明★	あいだ　やすあき	1747 ～ 1817	最上流和算の開祖
柳　楢悦★	やなぎ　ならよし	1832 ～ 1891	日本数学会社初代社長
長谷川　寛	はせがわ　ひろし	1782 ～ 1839	和算家
安島　直円★	あじま　なおのぶ	1732 ～ 1798	『不朽算法』の著者
藤田　貞資★	ふじた　さだすけ	1734 ～ 1807	『精要算法』の著者
狩野　亨吉★	かのう　こうきち	1865 ～ 1942	教育者・思想家
高木　貞治★	たかぎ　ていじ	1875 ～ 1960	類体論
正田　建次郎	しょうだ　けんじろう	1902 ～ 1977	抽象代数学
三守　守	みもり　まもる	1858 ～ 1932	数学教育者
上野　清	うえの　きよし	1854 ～ 1924	東京数学院
長沢　亀之助	ながさわ　かめのすけ	1861 ～ 1927	数学雑誌『XY』の創刊
芳江　琢児	よしえ　たくじ	1874 ～ 1947	微分方程式論
木村　駿吉	きむら　しゅんきち	1866 ～ 1938	物理数学
寺島　宗伴	てらしま　そうはん	1794 ～ 1884	和算家
寺島　宗伴	てらしま　そうはん	1794 ～ 1884	和算家

史跡種別	所在施設	都府県	所在地
旧居跡	櫻月 SAKURA MOON	北海道	札幌市中央区南 6 条西 26 丁目 2-12
看板	大沼国際セミナーハウス	北海道	亀田郡七飯町大沼町 127
銅像（座像）	花泉支所庁舎	岩手	一関市花泉町涌津字一ノ町 29
記念碑	花泉支所庁舎	岩手	一関市花泉町涌津字一ノ町 29
旧宅		岩手	一関市花泉町老松字佐野屋敷 156
墓	祥雲寺	岩手	一関市字台町 48-2
記念碑	祥雲寺	岩手	一関市字台町 48-2
記念碑		岩手	一関市滝沢石法華
銅像（立像）	東北高校	宮城	仙台市青葉区小松島 4-3-1
墓	北山霊園	宮城	仙台市青葉区北山 2-10-1
記念碑	清涼寺	宮城	仙台市若林区沖野 7-44
算術絵馬	沖野八幡神社	宮城	仙台市若林区沖野 3 丁目 16-33
記念碑	清涼寺	宮城	仙台市若林区沖野 7-44
墓	江厳寺	宮城	仙台市柏木
記念碑	大館市立図書館	秋田	大館市字谷地町 13
銅像（座像）	小荷駄町公園（山形市立図書館隣）	山形	山形市小荷駄町 7-12
記念碑	禅昌寺	山形	山形市大字滑川 26
墓	実相寺	山形	山形市十日町 3-8-45
記念碑	実相寺	山形	山形市十日町
記念碑	長源寺	山形	山形市七日町
記念碑	長源寺	山形	山形市七日町
記念碑	長源寺	山形	山形市七日町
記念館	最上徳内記念館	山形	村山市中央 1-2-12
記念碑	西山の丘	山形	新庄市上西山
墓	西山の丘（桂嶽寺）	山形	新庄市上西山
記念碑	日和山公園	山形	酒田市南新町 1
墓	善稱寺	山形	酒田市中央西町 4-19
記念碑	保春寺	山形	鶴岡市神明町
墓	常念寺	山形	鶴岡市睦町
書斎		福島	田村市船引町石森字戸屋 140
墓	大龍寺	福島	会津若松市慶山 2-7-23
記念碑		福島	伊達郡国見町貝田
墓	妙徳寺	福島	白河市字金屋町 113
墓	善性寺	福島	二本松市根崎 1-249
墓		茨城	成田
墓	蒼竜寺	茨城	那珂郡那珂町南酒出 462
銅像（座像）	藤岡市民ホール	群馬	藤岡市藤岡 1567-4
記念碑	藤岡市民ホール	群馬	藤岡市藤岡 1567-4
墓	光徳寺	群馬	藤岡市藤岡 2378
墓	金剛寺	群馬	前橋市関根町 16

日本数学者ゆかりの地　銅像・記念碑・墓碑等一覧

人名	よみ	生没年	人物一言
桂田　芳枝★	かつらだ　よしえ	1911 ～ 1980	数学初の女性理学博士
広中　平祐	ひろなか　へいすけ	1931 ～	代数幾何学
千葉　胤秀★	ちば　たねひで	1775 ～ 1849	『算法新書』の著者
千葉　胤秀★	ちば　たねひで	1775 ～ 1849	『算法新書』の著者
千葉　胤秀★	ちば　たねひで	1775 ～ 1849	『算法新書』の著者
千葉　胤秀	ちば　たねひで	1775 ～ 1849	『算法新書』の著者
千葉　胤秀	ちば　たねひで	1775 ～ 1849	『算法新書』の著者
千葉　流景	ちば　りゅうけい	1775 ～ 1857	和算家
五十嵐　豊吉★	いがらし　とよきち	1872 ～ 1941	仙台数学院
林　鶴一★	はやし　つるいち	1873 ～ 1935	和算家
丹野　清晴☆	たんの　きよはる	1794 ～ 1868	和算家
丹野　清晴☆	たんの　きよはる	1794 ～ 1868	和算家
丹野　村晴	たんの　むらはる	？ ～ ？	和算家
戸板　保佑	といた　やすすけ	？ ～ 1784	和算家・暦学者
狩野　亨吉★	かのう　こうきち	1865 ～ 1942	教育者・思想家
会田　安明★	あいだ　やすあき	1747 ～ 1817	最上流和算の開祖
会田　安明★	あいだ　やすあき	1747 ～ 1817	最上流和算の開祖
会田　安明★	あいだ　やすあき	1747 ～ 1817	最上流和算の開祖
会田　光栄	あいだ　みつひろ	1858 ～ 1932	和算家
斎藤　尚仲	さいとう　しょうちゅう	1773 ～ 1844	和算家
高橋　仲善	たかはし　ちゅうぜん	1799 ～ 1854	和算家
後藤　安次	ごとう　やすつぐ	1836 ～ 1917	和算家
最上　徳内★	もがみ　とくない	1755 ～ 1836	探検家・測量家
安島　直円★	あじま　なおのぶ	1732 ～ 1798	『不朽算法』の著者
安島　直円★	あじま　なおのぶ	1732 ～ 1798	『不朽算法』の著者
小倉　金之助★	おぐら　きんのすけ	1885 ～ 1962	数学史家
小倉　金之助★	おぐら　きんのすけ	1885 ～ 1962	数学史家
中村　政栄	なかむら　せいえい	？ ～ 1746	和算家
鈴木　重良	すずき　しげよし	1831 ～ 1894	和算家
佐久間　庸軒★	さくま　ようけん	1819 ～ 1896	佐久間流和算家
安藤　有益	あんどう　ゆうえき	1624 ～ 1708	和算家
岡田　盛正	おかだ　もりまさ	？ ～ ？	和算家
市川　方静	いちかわ　ほうせい	1834 ～ 1903	和算家
磯村　吉徳	いそむら　よしのり	？ ～ 1710	和算家
飯島　武雄	いいじま　たけお	1774 ～ 1846	和算家
石川　貫道	いしかわ　かんどう	1839 ～ 1903	和算家
関　孝和★	せき　たかかず	1642? ～ 1708	関流和算の開祖
関　孝和★	せき　たかかず	1642? ～ 1708	関流和算の開祖
関　孝和★	せき　たかかず	1642? ～ 1708	関流和算の開祖
萩原　禎助	はぎわら　ていすけ	1828 ～ 1909	『算法方円鑒』の著者

小倉　金之助

○阿部博行著『小倉金之助：生涯とその時代』(法政大学出版局, 2007).
○小倉金之助研究会編『小倉金之助と現代：彼の理論をどう生かすか』全5集（教育研究社, 1985-1993).
○岡部進著『小倉金之助その思想』(教育研究社, 1983).
○『小倉金之助著作集』全8巻（勁草書房, 1973-1975).

細川　藤右衛門

○橋詰延壽編『理学博士細川藤右衛門』(細川藤右衛門頌徳碑建設委員会, 1950).

岡　潔

○高橋正仁著『岡潔－数学の詩人－』岩波新書（岩波書店, 2008).
○大沢健夫著『岡潔　多変数関数論の建設』(現代数学社, 2014).
○『岡潔集』全5巻（学習研究社, 1969). 復刻版（学術出版会, 2008).
○高瀬正仁著『紀見峠を越えて』(萬書房, 2014).
○高瀬正仁著『岡潔とその時代』全2巻（医学評論社, 2013).

桂田　芳枝

○小山心平著『桂田芳枝小伝』北海道青少年叢書17（北海道科学文化協会, 1999).

谷山　豊

○杉浦光夫他編『谷山豊全集』増補版（日本評論社, 1994). 初版は1962年.
○日本数学協会編『数学文化』第11号（日本評論社, 2008年12月).「谷山豊没後50周年」特集.
○サイモン・シン著, 青木薫訳『フェルマーの最終定理』新潮文庫（新潮社, 2006).

下村　寅太郎

○『下村寅太郎著作集』全13巻（みすず書房, 1988-1999). 第1巻数理哲学・科学史の哲学（1988), 第2巻近代科学史論（1992).
○下村寅太郎著『科学史の哲学』(みすず書房, 2012).

下平　和夫

○下平和夫著『日本人の数学　和算』学術文庫（講談社, 2011). 原著1972.
○下平和夫著『関孝和－江戸の世界的数学者の足跡と偉業』(研成社, 2006).
○『下平和夫追憶集』(下平喜代子, 1996).

中村　六三郎
○中村松三郎「中村六三郎伝」『同方会誌』第 55 号 , 46-48（立体社 , 1931）.
○『東京商船大学九十年史』（東京商船大学八十五周年記念会 , 1966）pp.184-192.「初代校長中村六三郎」.

菊池　大麓
○日本数学会制作「菊池大麓－洋算教育を普及させた数学者」（日本数学会 , 2009）．DVD

武田　丑太郎
○林豊太郎編『阿部有清先生傳／武田丑太郎先生傳』（私家版 , 1932）.
○編纂委員会編『徳島中学校･城南高校百年史』（同校創立百周年事業期成会 , 1975）pp.154-171.

狩野　亨吉
○青江舜二郎著『狩野亨吉の生涯』中公文庫（中央公論社 , 1987）.
○安倍能成編『狩野亨吉遺文集』（岩波書店 , 1958）.

五十嵐　豊吉
○東北高校「学校法人南光学園 東北高等学校 初代校長 五十嵐豊吉先生」.
○丹治宗助ほか編『故五十嵐豊吉先生追悼録』（南光学園東北中学校 , 1943）.

林　鶴一
○林鶴一著『和算研究集録』上下（東京開成館 , 1937）．復刻版（鳳文書館 , 1985）．下巻巻末 pp.1-4 に略歴，pp.5-28 に著作目録.

三上　義夫
○藤井貞雄編『和漢数学科学史研究回顧録：三上義夫遺稿』（私家版 , 1991）.
○三上義夫著『文化史上より見たる日本の数学』（恒星社厚生閣 , 1984），岩波文庫（岩波書店 , 1999）.
○小倉金之助「三上義夫博士とその業績」,『小倉金之助著作集』第 3 巻（勁草書房 , 1973）pp.252-289.
○甲田町教育委員会編『三上義夫先生を偲ぶ』（同会 , 1992）.

高木　貞治
○高木貞治博士顕彰会編『高木貞治先生－世界数学界 世紀の金字搭－』（同会 , 1993）.
○高瀬正仁著『高木貞治とその時代』（東京大学出版会 , 2014）.
○彌永健一著『高木貞治類体論への旅』（現代数学社 , 2012）.
○高瀬正仁著『高木貞治：近代日本数学の父』岩波新書（岩波書店 , 2010）.
○高木貞治著『近世数学史談』岩波文庫（岩波書店 , 1995）．原著 1942.

○佐藤健一著『和算を教え歩いた男』正・続・続々（東洋書店，2000･2003･2006）．

剣持　章行

○林鶴一「日本ノ数学ト剣持先生」，藤原松三郎編集代表『和算研究集録』下巻（東北帝国大学理学部数学教室林博士遺著刊行会，1937）．復刻版（鳳文館道，1985）pp.373-376.

○劒持章行著，大竹茂雄編『和算家劒持章行の遊歴日記』（群馬県文化事業振興会，2013）．

○高橋大人編『和算家豫山剣持章行遊歴の跡を訪ねて』（私家版，2004）．

小出　長十郎

○小出植男著『小出長十郎先生傳』（私家版，1917）．

○田中昭太郎による一連の「小出長十郎の研究」がある．『徳島科学史雑誌』第 14 号，24-26（1995），第 15 号，8-12（1996），第 16 号，50-56（1997），第 17 号，25-28（1998），第 18 号，16-21（1999），第 20 号，24-27（2001），第 21 号，50-58（2002），第 23 号，6-12（2004），第 24 号，51-58（2005），第 25 号，59-64（2006），第 26 号，18-26（2007），第 28 号，43-49（2009）．副題を毎号変えて，各論に迫っている．

福田　理軒

○丸山建夫著『筆算をひろめた男』（臨川書店，2015）．

○坂本守央著『福田理軒』（順天学園出版部，1967）．

○渡辺孝蔵編『順天百五十五年史』（順天学園，1989）．

佐久間　庸軒

○船引町佐久間軒和算保存会編『佐久間庸軒の旅日記』船引町文化財集 7（船引町教育委員会，1990）．

○「船引町の和算」編集委員会編『船引町の和算』船引町文化財集 2（船引町教育委員会，1969）．

阿部　有清

○林豊太郎編『阿部有清先生傳／武田丑太郎先生傳』（私家版，1932）．

杉　亨二

○杉亨二著『杉亨二自叙傳』（日本統計協会，2005）．原著は 1915.

○速水融著『杉亨二：日本近代統計の始祖』（私家版，1996）．

○杉亨二先生顕彰会編『杉亨二先生小伝』（私家版，1966）．

柳　楢悦

○柳宗悦「柳楢悦小伝」，『柳宗悦全集』第 1 巻（筑摩書房，1981）．

○山下悦夫著『寰瀛《かんえい》記《き》：小説柳楢悦』（東京新聞出版局，2005）．

参考図書案内

関　孝和

○平山諦著『関孝和』(恒星社厚生閣 , 増補 1974).
○鳴海風著『算聖伝－関孝和の生涯－』(新人物往来社 , 2000).
○小寺裕著『関孝和－算聖の数学思潮』(現代数学社 , 2013).
○鈴木武雄著『和算の誕生－その光と陰－』(恒星社厚生閣 , 2004).

安島　直円

○平山諦・松岡元久編『安島直円全集』(富士短期大学出版部 , 1966).
○加藤平左エ門著『安島直円の業績：和算中興の祖 解説』(名城大学理工学部数学教室 , 1971).
○伊藤幸男著『新庄の和算』(安嶋直円顕彰会 , 1966).

藤田　貞資

○日本学士院編『明治前日本数学史』第 4 巻（岩波書店 , 1959）pp.402-478. 第 5 章藤田貞資.

会田　安明

○平山諦，松岡元久編『会田算左衛門安明』(富士短期大学出版部 , 1966).

最上　徳内

○島谷良吉著『最上徳内』人物叢書（吉川弘文館 , 1977).
○乾　浩著『北冥の白虹－小説最上徳内－』(新人物往来社 , 2003).

石黒　信由

○新湊市博物館編『越中の偉人石黒信由』改訂版（同館 , 1985).
○射水市新湊博物館編『石黒信由絵図集』(同館 , 2012).

日下　誠

○日本学士院編『明治前日本数学史』第 5 巻（岩波書店 , 1960）pp.1-32. 第 7 章日下誠.
○藤原安治郎著『趣味の日本算術歴史物語』(同文社 , 1934).

千葉　胤秀

○千葉胤秀顕彰事業実行委員会編『和算家千葉胤秀ガイドブック』(同会, 刊行年記載無し).
○鈴木規矩太郎，鈴木精吾共著『和算家列伝：千葉胤秀三代とその弟子達：岩手県南宮城県北』(私家版 , 1995).

山口　和

○外城物語編纂委員会『郷土史外城物語』(山口宏栄，2011).
○佐藤健一他校注『和算家・山口和の「道中日記」』(研成社 , 1993).

○日本科学史学会編『数理科学』日本科学技術史大系 13（第一法規, 1969).
○道脇義正著『和算家の生涯と業績』(多賀出版, 1985).
○遠藤利貞著『増修日本数学史』(恒星社厚生閣, 1960).
○東京大学百年史編集委員会編『東京大学百年史　部局史二　理学部』(東京大学, 1987). 第 2 章数学科.

和算書の復刻

○下平和夫編『江戸初期和算選書』全 11 巻（研成社, 1990-2011).
○浅見恵, 安田健訳編『日本古典籍科学技術資料　数学篇』全 11 巻 (科学書院, 2001-2015).
○菊池俊彦ほか 5 名編『江戸科学古典叢書』全 46 巻（恒和出版, 1976-1983). 第 20 巻に『西算速知』(福田理軒著),『洋算用法』(柳河春三著), 第 37 巻に『測量集成』(福田理軒著) など, 数学の古典も所収.

和算家の系譜

○田村三郎「数学者のランキングと和算家の系譜」『近畿和算ゼミナール報告集』第 13 号（近畿和算ゼミナール, 2008).
276 人の和算家ランキングと詳細な系譜図が掲載されている.

年表・人名事典

○佐藤健一・大竹茂雄・小寺裕・牧野正博編著『和算史年表』(東洋書店, 2002). 巻末に約 750 名の「和算家等生没年一覧」がある.
○本田益夫纂録『数学史年表試編』(香川県高等学校教育研究会数学部会, 1981).
○湯浅光朝編著『コンサイス科学年表』(三省堂, 1988).
○湯浅光朝著『解説科学文化史年表』(中央公論社, 改訂増補, 1954).
○小野崎紀男著『日本数学者人名事典』(現代数学社, 2009). 1900 余人収録.
○武内博編著『日本洋学人名事典』(柏書房, 1994).

各人物

本書で取り上げた各人物については, 次のようなものがある.

毛利　重能

○毛利重能顕彰碑建立実施委員会編『毛利重能顕彰碑建立記録』(私家版, 1973).
○西田知己校注『割算書』江戸初期和算選書第 2 巻（研成社, 1991).
○鈴木久男・戸谷清一著『そろばんの歴史』(森北出版, 1960).

吉田　光由

○吉田光由著, 大矢真一校注『塵却記』岩波文庫（岩波書店, 1977).
○森洋久編『角倉一族とその時代』(思文閣出版, 2015).

参考図書案内

日本の数学に関する本は多数出ているので，どれからでも読んでみるとよい．以下には著者が目にとまった例をいくつかあげる．

日本数学散歩　ゆかりの地紀行

科学一般，天文学，医学などの分野での史跡散歩，ゆかりの地紀行の本は，著者のものも含めて多数出ているが，数学にしぼると，西洋，日本にかかわらず，数少ない．次は地域限定であるが，数少ない成書．

◯三原茂雄著『徳島数学散歩』（私家版 , 2002）．
22 人の徳島ゆかりの数学者のほか，徳島以外の数学者も何人か歴史散歩した紀行エッセー．

日本の数学・数学者が登場する文学・小説案内

◯三原茂雄「（連載）こんな本あるでないで」『ミニミニ新聞 SKYTOWN』（徳島新聞松茂専売所）．
2011 年 11 月号から毎月連載中．新田次郎『二十一万石の数学者』（第 2 回）のように，書名に数学，数学者に関連する語を含む作品と，遠藤周作『沈黙』（第 1 回）のように含まない作品を織り交ぜながら，いずれも数学の視点から，軽妙な語り口で紹介した読書エッセー．

◯片野善一郎著『数学を愛した作家たち』新潮新書（新潮社 , 2006）．
漱石，子規，鏡花など 11 人が取り上げられている．

日本数学者人物伝

◯鳴海風著『江戸の天才数学者－世界を驚かせた和算家たち－』新潮選書（新潮社 , 2012）．8 人の和算家の評伝．

◯平山諦著『学術を中心とした和算史上の人々』（富士短期大学出版部 , 1965）．のち，ちくま学芸文庫（筑摩書房 , 2008）．

◯小松醇郎著『幕末・明治初期数学者群像』上・下（吉岡書店 , 1990･1991）．

◯池上善彦編「（特集）日本の数学者たち－和算から現代数学まで－」『現代思想』第 37 巻，第 15 号（青土社 , 2009.12）．

日本の数学への入門書

◯小倉金之助著『日本の数学』岩波新書（岩波書店 , 1940）．

◯佐藤健一著『新・和算入門』（研成社 , 2000）．

日本数学史の基礎的図書

◯日本学士院日本科学史刊行会編『明治前日本数学史』全 5 巻（岩波書店 , 1954-1960）．復刻，同 2008．

◯「日本の数学 100 年史」編集委員会編『日本の数学 100 年史』上・下（岩波書店 , 1983･1984）．

●は行

●ま行

●や行

●ら行

●わ行

人名索引

事項索引

出典・画像提供一覧

P.10　関孝和：一関市博物館所蔵

P.24　藤田貞資：佐藤健一・大竹茂雄・小寺裕・牧野正博編著『和算史年表』（東洋書店，2002）

P.34　最上徳内：島谷良吉著『最上徳内』人物叢書（吉川弘文館，1977）．典拠（シーボルト『日本』）

P.40　石黒信由：（一財）高樹会所蔵・射水市新湊博物館保管

P.42　石黒信由の展示：射水市新湊博物館

P.47　千葉胤秀：千葉胤秀顕彰事業実行委員会編『和算家 千葉胤秀ガイドブック』

P.53, 55　水原八幡宮：佐藤カツエ氏

P.64　福田理軒：「日本の数学100年史」編集委員会編『日本の数学100年史』上巻（岩波書店，1983）．

P.82　柳楢悦：「日本の数学100年史」編集委員会編『日本の数学100年史』上巻（岩波書店，1983）．

P.91　菊池大麓：「日本の数学100年史」編集委員会編『日本の数学100年史』上巻（岩波書店，1983）．

P.99　狩野亨吉：安倍能成編『狩野亨吉遺文集』（岩波書店，1958）．

P.108　林鶴一：「日本の数学100年史」編集委員会編『日本の数学100年史』上巻（岩波書店，1983）．

P.110　『和算研究集録』：林鶴一著『和算研究集録』上下2巻、復刻版（鳳文書館，1980）．

P.116　高木貞治：「日本の数学100年史」編集委員会編『日本の数学100年史』上巻（岩波書店，1983）．

P.121　小倉金之助：『小倉金之助著作集』第3巻（勁草書房，1973）．

P.123　『小倉金之助著作集』：小倉金之助著『小倉金之助著作集』全8巻（勁草書房，1973-1975）．

P.129　岡潔：「日本の数学100年史」編集委員会編『日本の数学100年史』下巻（岩波書店，1984）．

P.135　桂田芳枝：小山心平著『桂田芳枝小伝』北海道青少年叢書17（北海道科学文化協会，1999）．

P.138　谷山豊：杉浦光夫他編『谷山豊全集』増補版（日本評論社，1994）．

著者紹介

西條敏美（さいじょうとしみ）

1950 年　徳島に生まれる
1974 年　関西大学工学部卒業
1976 年　関西大学大学院工学研究科修士課程修了
2011 年　徳島県の公立高校（物理教諭）に 35 年勤め、定年退職

主　著
『知っていますか？西洋科学者ゆかりの地 IN JAPAN(PART Ⅰ・Ⅱ)』(恒星社厚生閣)
『理系の扉を開いた日本の女性たち－ゆかりの地を訪ねて－』（新泉社）
『西国科学散歩（上・下）』（裳華房）『東国科学散歩』（裳華房）
『測り方の科学史（Ⅰ・Ⅱ）』（恒星社厚生閣）
『単位の成り立ち』（恒星社厚生閣）
『物理学史断章－現代物理学への十二の小径－』（恒星社厚生閣）
『虹－その文化と科学－』（恒星社厚生閣）
『授業：虹の科学』（太郎次郎社）ほか

知《し》っていますか？ 日本数学者《にほんすうがくしゃ》ゆかりの地《ち》

日本数学の源流を訪ねて

2016 年 6 月 10 日　初版発行

定価はカバーに表示

著　者　西條《さいじょう》　敏美《としみ》©
発行者　片岡　一成
発行所　恒星社厚生閣
〒160-0008　東京都新宿区三栄町 8
TEL 03-3359-7371 FAX 03-3359-7375
http://www.kouseisha.com/

印刷・製本　シナノ

ISBN978-4-7699-1585-0 C0040